LEONARDO DA VINCIS

RÄTSELUNIVERSUM

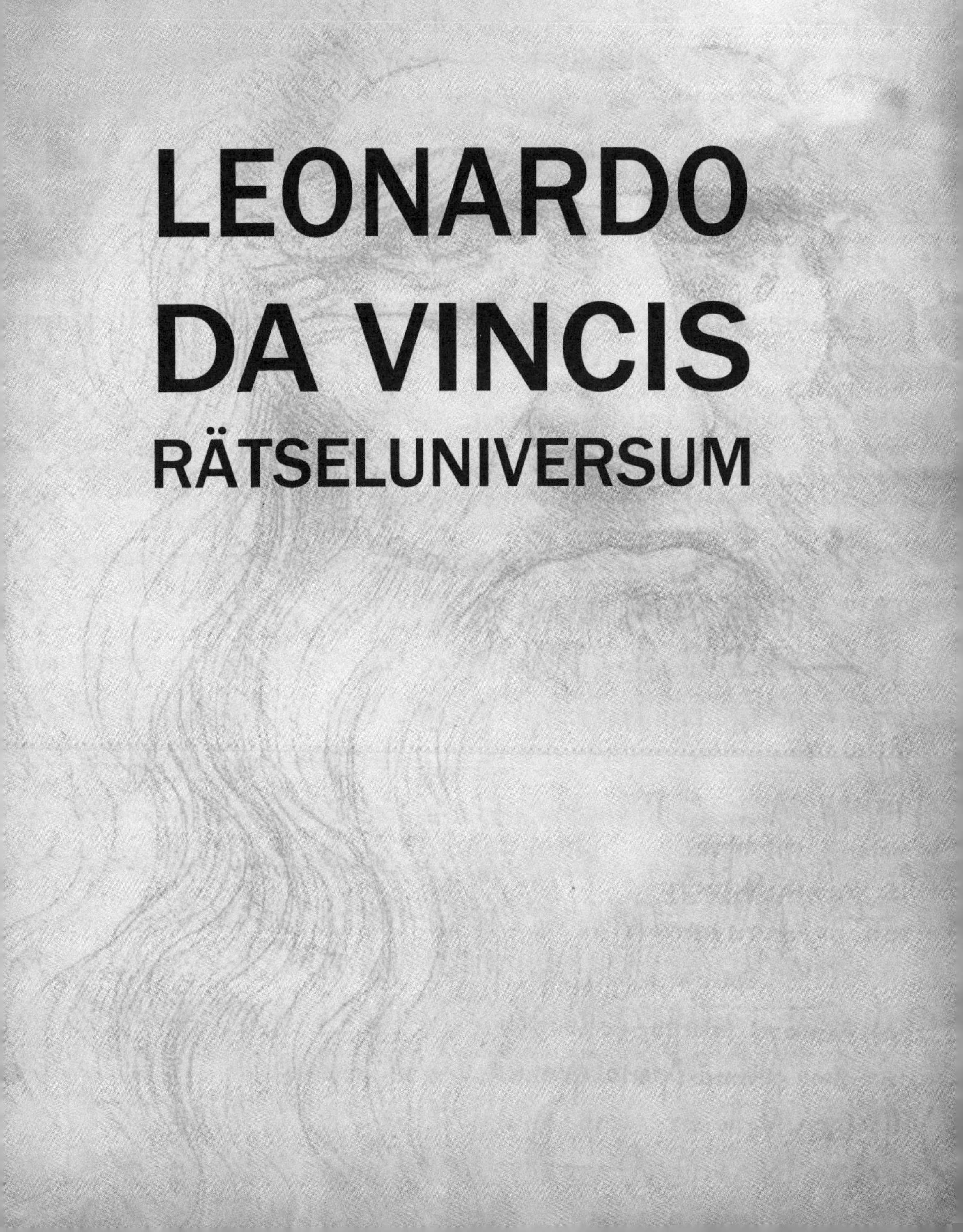

Originaltitel: *The Leonardo da Vinci Puzzle Codex*
ISBN 798-1-78097-421-7

Redakteur: Matthew Lowing
Rätselprüfung: Richard Cater
Art Director: Mabel Chan
Layout: Sunita Gahir

Übersetzung aus dem Englischen: Cordula und Martin Didion
Redaktion und Satz: writehouse, Köln
Gesamtherstellung: Ullmann Medien GmbH, Potsdam

Printed in Slovenia, 2018

ISBN 978-3-7415-2299-4

10 9 8 7 6 5 4 3 2 1
X IX VIII VII VI V IV III II I

www.ullmannmedien.com
info@ullmannmedien.com
facebook.com/ullmannmedien
twitter.com/ullmannmedien

FSC www.fsc.org
MIX
Papier aus verantwortungsvollen Quellen
FSC® C129466

LEONARDO DA VINCIS RÄTSELUNIVERSUM

Rätsel und Denkspiele inspiriert vom Renaissance-Genie

von Richard Wolfrik Galland

h.f.ullmann

Inhalt

Rätsel für Neulinge

RÄTSEL FÜR LEHRLINGE

Rätsel für Gesellen

RÄTSEL FÜR MEISTER

Einführung

Das Leben ist ein Rätsel, eine unendliche Abfolge von Fragen, die es zu beantworten gilt. Die alten Griechen und Römer widmeten sich diesen Alltagsrätseln mit Begeisterung; deren Kultur stand in voller Blüte. Doch als die Freude am Rätsellösen schwand, versank Europa im Zeitalter der bewusst herbeigeführten Unwissenheit, das wir das Mittelalter nennen.

Glücklicherweise erhoben sich nach ein paar Jahrhunderten voller Seuchen und abergläubischem Hokuspokus kritische Geister aus der Asche der mittelalterlichen Gedankenwelt, und eine neue Ära zog herauf: die Renaissance.

In diesem Zeitalter machte die Wissenschaft enorme Fortschritte; die Künste erlebten eine Blütezeit wie nie zuvor. Viele große Denker und Künstler der Renaissance sind in die Geschichte eingegangen. Doch niemand verkörpert das Renaissanceideal so sehr wie er: Leonardo di ser Piero da Vinci.

Der 1452 in Florenz geborene uneheliche Sohn einer Bäuerin sollte einer der größten Universalgelehrten aller Zeiten werden: Künstler, Schriftsteller, Erfinder, Ingenieur und Anatom – um nur einige seiner Talente zu nennen. Seine kompromisslose Neugierde auf alle Wissensbereiche, seine außergewöhnliche Intelligenz und seine Fähigkeit zum Denken außerhalb gewohnter Bahnen machten ihn zum vielleicht größten Rätsellöser aller Zeiten. Gleichzeitig war er sehr darauf bedacht, seine Erkenntnisse geheimzuhalten … und hinterließ uns so selbst zahlreiche ungelöste Rätsel.

Dieses Buch ist eine Sammlung von Kopfnüssen. Einige sind Klassiker, die Rätselfreunde schon seit Jahrhunderten faszinieren. Alle sind in der Welt Leonardos angesiedelt, in der wir einigen seiner Zeitgenossen begegnen und manches über seine größten Errungenschaften erfahren. Und doch ist dies kein Geschichtsbuch: Der Verfasser hat sich bei der Beschreibung der Ereignisse und Figuren erhebliche Freiheiten erlaubt, um Ihre Reise durch die Welt der Rätsel so unterhaltsam wie möglich zu gestalten.

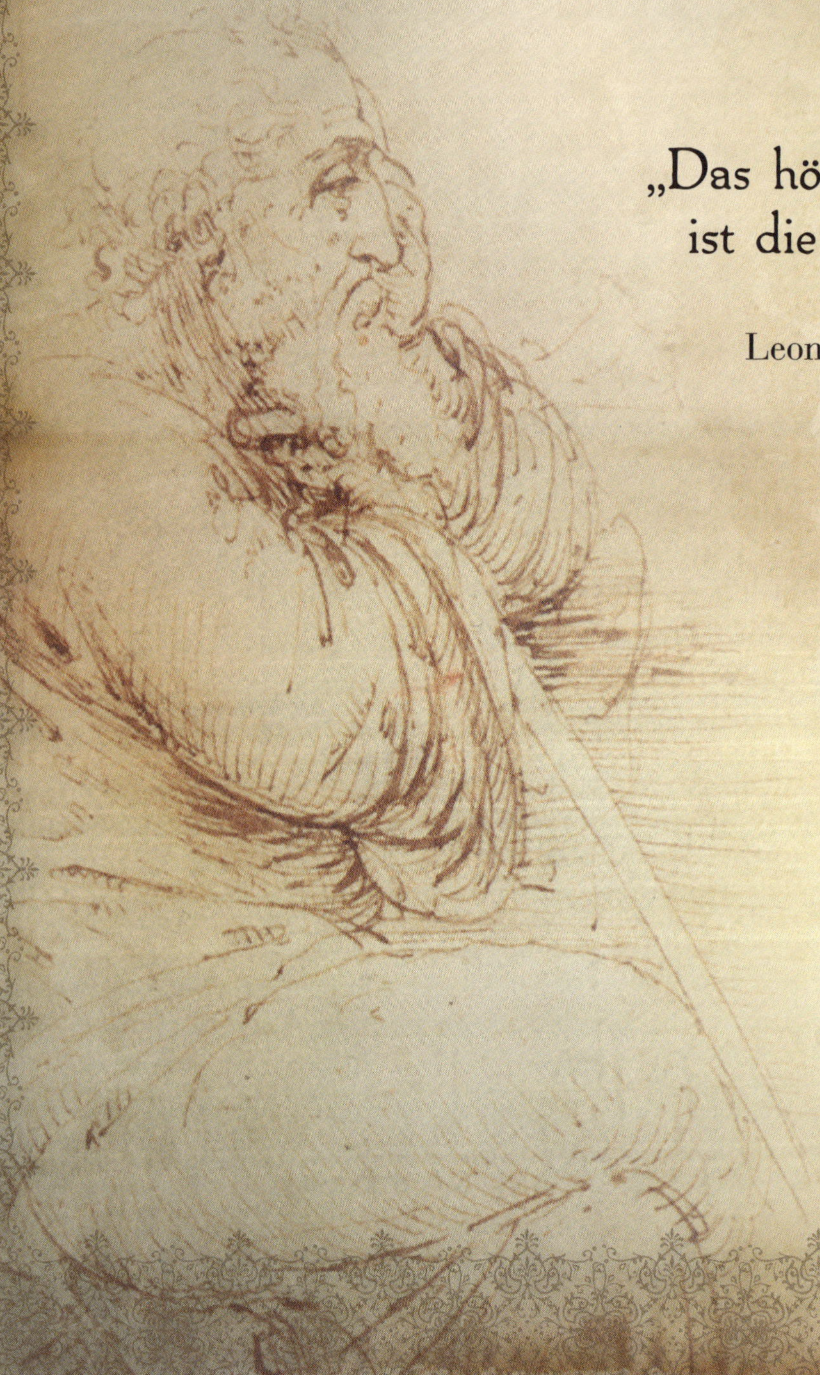

„Das höchste Gut
ist die Einsicht."

Leonardo da Vinci

Rätsel für Neulinge

Leonardo nahm im Lauf der Zeit einige Schüler in die Lehre. Einer von ihnen war Gian Giacomo Caprotti da Oreno, besser bekannt als Salai („der kleine Dreckspatz“ oder „Teufel“). Er kam mit zehn Jahren in Leonardos Werkstatt und brachte sie ganz schön durcheinander. Doch das tat Leonardos Sympathie für den jungen Lehrling keinen Abbruch. Im Gegenteil, vielleicht haben die Streiche des kleinen Teufels einige seiner Werke inspiriert. Später wurde der Schüler selbst zum Künstler und signierte seine Gemälde mit Andrea Salai.

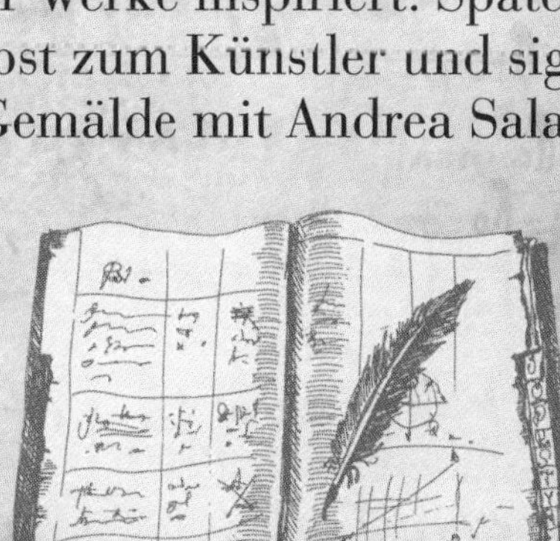

12

Die Summe der Künste

Der Wert eines Kunstwerks ist eine subjektive Sache. Aber in diesem Rätsel behaupten wir das Gegenteil. Können Sie den Wert jeder Skizze bestimmen und herausfinden, welche Zahl an der Stelle des Fragezeichens stehen sollte?

6

9

6

4 11 ?

Lösung auf Seite 174

13

Ein Streit

Salai kam eines Abends spät nach Hause. Es wunderte ihn nicht, seinen Meister hellwach bei der Arbeit an einer neuen Gerätschaft vorzufinden.

„Was baut Ihr da, Meister?“, fragte er.

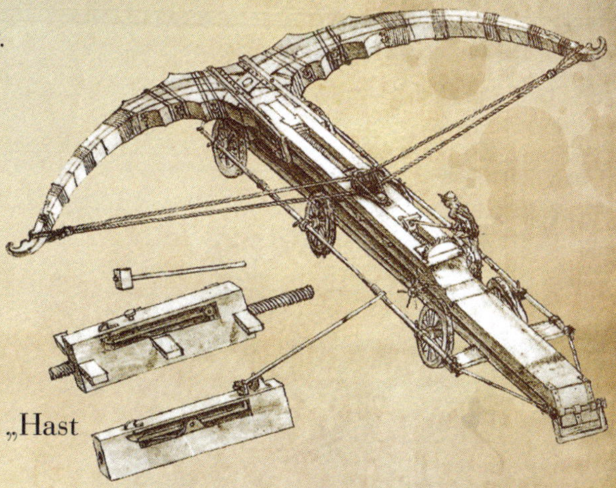

„Eine Armbrust, die man schnell nachladen kann“, antwortete Leonardo. „Nur traurig, dass es ihr einziger Zweck ist, ein Stück Holz durch einen Menschen zu jagen.“

Salai kicherte.

Vorwurfsvoll blickte Leonardo auf. „Hast du getrunken, junger Lausbub?“

„Gansss schischä nisch!“, erwiderte der Lehrling trotzig.

Der Meister blickte zweifelnd, doch Salai fuhr fort: „Meister, ich wette, dass ich meine Kappe aufhängen, dann zur am weitesten entfernten Wand laufen und einen Bolzen aus Eurem neuen Bogen mitten durch die Kappe schießen kann. Mit geschlossenen Augen!“

Leonardo musste wider Willen über die Albernheit seines Lehrlings schmunzeln. „Wenn du das genau so tun kannst, wie du es beschrieben hast, werde ich dir dein unanständiges Verhalten nachsehen.“

Doch natürlich hatte Leonardo schon erraten, wie sein Schüler diese Meisterleistung der Treffsicherheit zu vollbringen gedachte.

Sie auch?

Lösung auf Seite 174

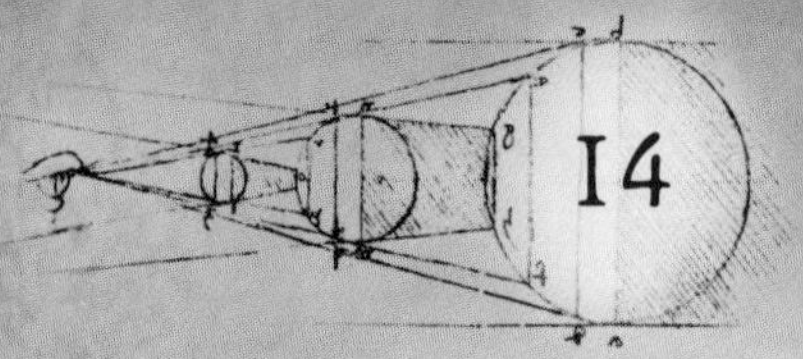

14

Erkenntnis

Der Meister hatte eine komplizierte Maschine konstruiert, anhand derer er seinem Lehrling einige grundlegende Prinzipien der Mechanik erläutern wollte.

„Am Ende des Seils hängt dein Abendessen, junger Salai – treffe deine Wahl also überlegt, wenn du heute Abend einen Happen essen möchtest.

Drehst du die Kurbel *im* Uhrzeigersinn oder *gegen* den Uhrzeigersinn, damit sich die Last senkt?"

Lösung auf Seite 174

15

Mustererkennung

„Wenn du ein Meister der Künste und Wissenschaften werden möchtest, ist es von größter Bedeutung, dass du Muster erkennen kannst“, ermahnte Leonardo seinen Schüler.

„Kannst du mir sagen, welches Symbol das Gitter vervollständigen würde?“

Lösung auf Seite 174

16

Fehlende Teile

Das Gemälde auf der gegenüberliegenden Seite ist die *Madonna mit der Spindel.* Fünf Teile aus diesem Werk fehlen. Können Sie die nummerierten Teile unten den Symbolen im Bild zuordnen?

I

II

III

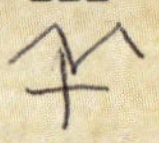

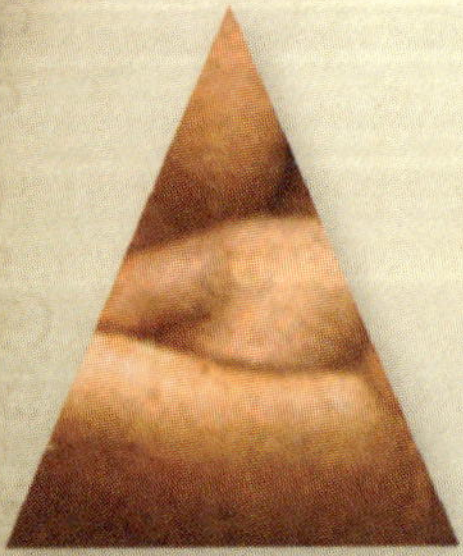

IV

V

17

Lösung auf Seite 175

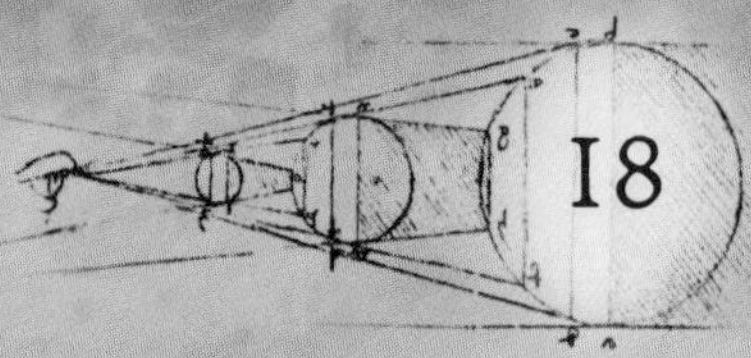

18

Ein dunkler Traum

Eines Morgens erschien ein Palastwächter, der des Öfteren von unheilvollen Visionen heimgesucht wurde, vor Ludovico Sforza, dem Herzog von Mailand. Er berichtete von einem schrecklichen Traum, den er in dieser Nacht gehabt hatte:

„Ich sah, wie eine gewaltige Schlange sich anmutig durch die frisch gepflügte Erde neben einem Lilienfeld schlängelte. Plötzlich kam ein Bauer aus dem Feld und schlug der Schlange mit einer riesigen Axt den Kopf ab."

Der gesamte Hof hielt den Atem an. Die Zeichen waren eindeutig: Die Schlange war das Wappentier Mailands, die Lilie das Wappen der verhassten Franzosen.

„Das kann nur bedeuten, dass der Tyrann Ludwig XII. Pläne gegen Eure Hoheit schmiedet", flüsterten Sforzas Berater.

Der Herzog dankte dem Soldaten für seine Prophezeiung und befahl sogleich, ihn hinauszubringen und hinzurichten.

Können Sie erklären, warum der Herzog ein so strenges Urteil fällte?

Es wird Sie vielleicht überraschen, dass dem Soldaten weder Hexerei noch Verrat vorgeworfen wurde.

Lösung auf Seite 176

19

Der Kaufmann

Ein Kaufmann kam nach Mailand, um seine Sammlung wertvoller Edelsteine zu verkaufen. Am Morgen verkaufte er ein Drittel seiner Steine, am Nachmittag die Hälfte der verbleibenden Steine. Abends, als er gerade heimreisen wollte, erwarb ein Edelmann noch die drei Steine, die ihm geblieben waren.

Wie viele Edelsteine hatte der Kaufmann mit nach Mailand gebracht?

Lösung auf Seite 176

20

Im Kartenumdrehen

Vier Karten lagen, folgendermaßen angeordnet, auf Leonardos Werkbank:

„Ist das ein Spiel, Meister?“, fragte Salai.

„Nein, ein Rätsel“, erklärte Leonardo. „Die Rückseiten der Karten sind entweder goldfarben oder grün und auf ihren Vorderseiten ist entweder ein Kelch oder ein Stern abgebildet. Sag mir also, junger Salai – welche Karten muss du umdrehen, um die Frage zu beantworten: Besitzt jede goldene Karte einen Stern auf ihrer Vorderseite?“

Lösung auf Seite 176

21

Fenster der Seele

In der Werkstatt des Meisters befanden sich mehrere Gemälde, die alle Maria, das Jesuskind, den Johannesknaben und einen Engel zeigten. Auf allen Bildern blickten sämtliche Figuren nach vorne, bis auf das Jesuskind, von dem nur ein Auge für den Betrachter sichtbar war.

Wie viele Augen waren insgesamt abgebildet, wenn die Anzahl der Gemälde der Anzahl der männlichen Figuren auf einem Gemälde entsprach?

Lösung auf Seite 177

22

Aufmerksamkeit

Sehen Sie sich dieses Sammelsurium von Leonardos Skizzen an. Jede Skizze erscheint zweimal, bis auf eine. Welche ist es?

23

Lösung auf Seite 178

24

Zu schlau

Salai riss den Meister aus seinen Gedanken, indem er ihm ein Stück beschriebenes Pergament unter die Nase hielt.

„Ich habe ein Rätsel für Euch."

Leonardo lächelte herablassend, als er das Rätsel seines Schülers sah, das nur aus Ziffernreihen bestand.

1
1 1
2 1
1 2 1 1
1 1 1 2 2 1
3 1 2 2 1 1
1 3 1 1 2 2 2 1
1 1 1 3 2 1 3 2 1 1

Doch dann wurde sein Lächeln von einem Stirnrunzeln abgelöst. „Das ist Unsinn, Salai. In diesen Zahlen kann ich überhaupt kein Muster erkennen. Ist das wieder einer deiner Streiche?"

„Ganz und gar nicht, Meister. Aber brachtet Ihr mir nicht bei, immer nach der einfachsten Lösung zu suchen?"

Leonardo rieb sich die Augen und sah noch einmal hin. Plötzlich kehrte sein Lächeln zurück. „Du kleiner Lausbub!"

Kommen Sie darauf, wie die nächste Zeile lauten müsste?

Lösung auf Seite 178

25

Leonardo-ku

Das ist die Renaissanceversion einer heute sehr beliebten Rätselform. Wir verwenden dazu neun astrologische Symbole.

Können Sie diese so in die folgende Tabelle eintragen, dass in jeder Zeile, jeder Spalte und jedem 3x3-Block jedes Symbol nur einmal enthalten ist?

Lösung auf Seite 179

Fehlende Teile

Das Gemälde auf der gegenüberliegenden Seite ist Leonardo da Vincis *Madonna Litta.* Fünf Teile aus diesem Werk fehlen. Können Sie die nummerierten Teile den Symbolen im Bild zuordnen?

I

II

III

IV

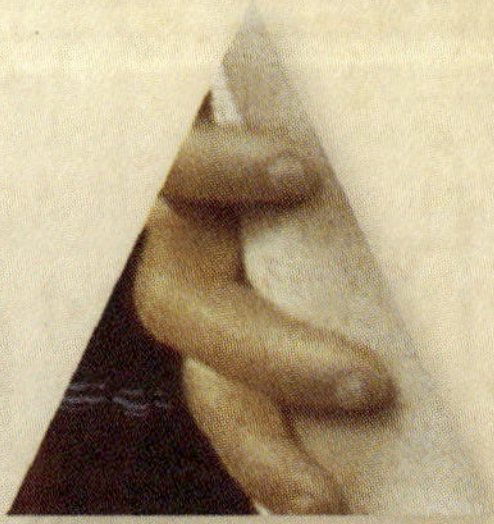

V

27

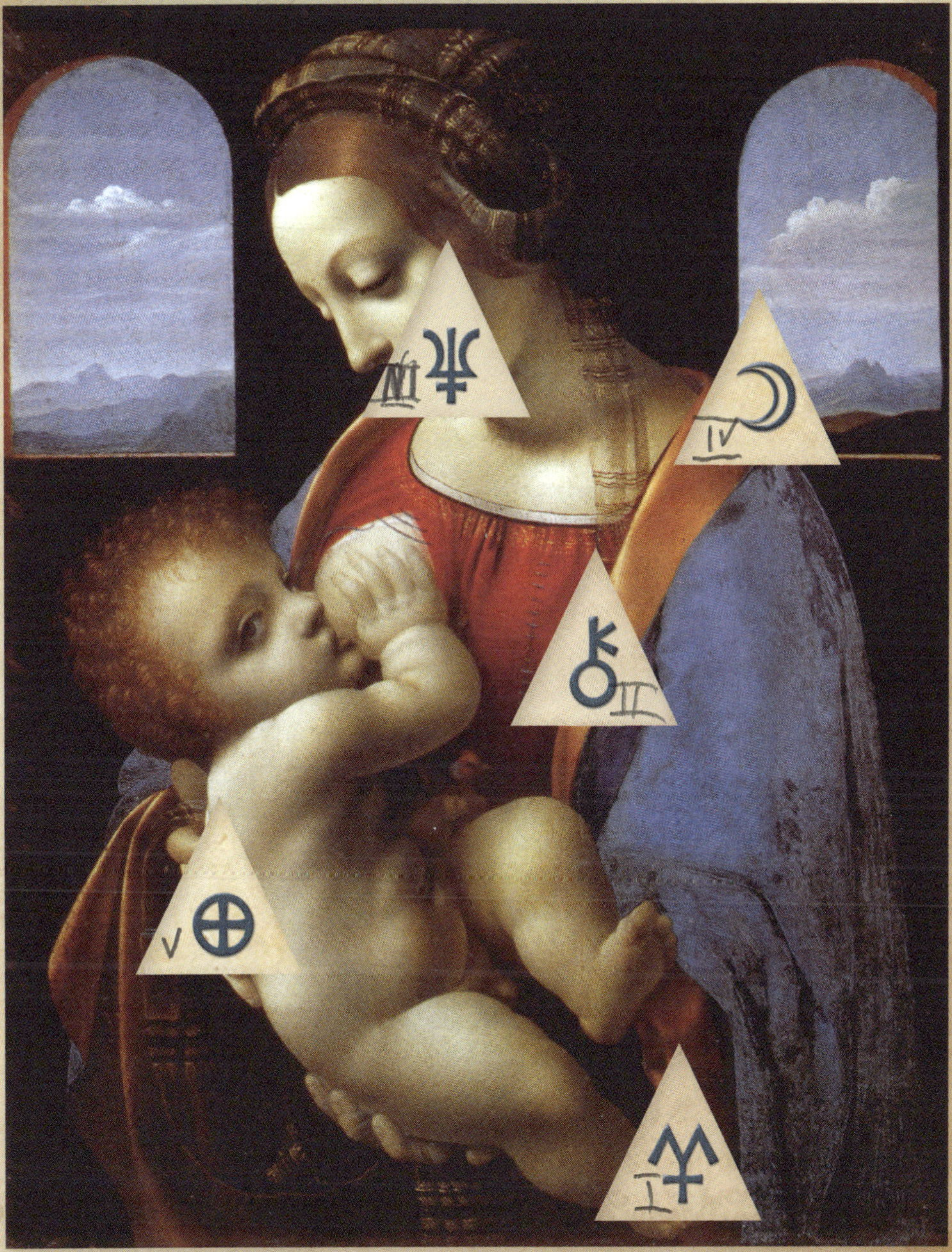

Lösung auf Seite 180

28

Mustererkennung

Sehen Sie sich das Muster in dieser Matrix an. Kommen Sie darauf, was in dem leeren Quadrat abgebildet sein sollte?

Lösung auf Seite 181

29

Zahlenkunst

Eines Morgens fragte Leonardo: „Fühlst du dich ausgeschlafen, Salai?"

„Immer doch, Meister", antwortete sein junger Schüler nonchalant.

„Dann schau dir mal das hier an. Wie du sehen kannst, habe ich die Zahlen von null bis vierzehn in drei Gruppen unterteilt."

Gruppe I	Gruppe II	Gruppe III
0 3 6	1 4 7	2 5 10
8 9	11 14	12 13

„O nein, Meister. Ihr wisst, wie sehr ich arithmetische Knobeleien hasse!"

„Dann dürfte dir dieses Rätsel gefallen, du kleiner Lausbub. Ich möchte gern wissen, in welche Gruppen ich Fünfzehn, Sechzehn und Siebzehn stecken muss."

Lösung auf Seite 181

Aufs Korn genommen

Der Herzog belegte seine armen Leibeigenen mit einer neuen Steuer: Sie mussten Säcke voller Getreide abliefern, um den Hunger der herzoglichen Soldaten zu stillen.

Die Bauern waren verstimmt, aber sie gehorchten. Doch achteten sie genau darauf, das gesamte verdorbene Korn der Ernte in die Säcke für den Herzog zu packen. Als das Getreide eingesammelt wurde, waren 97 Prozent verfault.

Wie viele Säcke mit teilweise verdorbenem Getreide muss der Herzog eintreiben lassen, um einen Sack mit essbarem Getreide befüllen zu können?

Lösung auf Seite 182

Leonardo-ku

Können Sie diese neun astrologischen Symbole so in die folgende Tabelle eintragen, dass in jeder Zeile, jeder Spalte und jedem 3x3-Block jedes Symbol nur einmal enthalten ist?

Lösung auf Seite 182

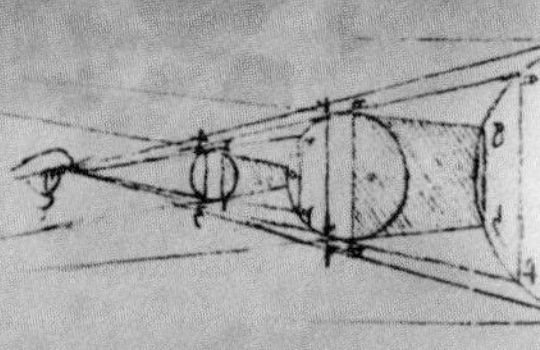

32

Eine Unmenge?

Wir haben heute Gäste zum Abendessen", kündigte Leonardo an.

„Wie viele kommen denn?", wollte Salai wissen.

„Ich kann dir so viel sagen: Alle außer zwei sind aus Mailand, alle außer zwei sind aus Venedig und alle außer zwei sind aus Florenz."

„Aber Meister, unser Esszimmer ist doch so klein ... Moment, wie viele sind das genau?"

Lösung auf Seite 183

33

Momentaufnahme

„Für jede Geburt gibt es einen Tod, für jedes Genie einen Narren. Der Schöpfer scheint gewollt zu haben, dass alle Dinge danach streben, sich im Gleichgewicht zu befinden.“ So sann Leonardo vor sich hin.

Geistesabwesend blickte Salai auf, ohne etwas zu sagen. Der Meister fuhr fort: „Schau dir diesen Apparat an. Du siehst, dass der Hebel in gleiche Einheiten untergliedert und dass an jeder Seite ein fein gezwirnter Faden befestigt ist. Du siehst auch, dass die Fäden nicht symmetrisch angebracht sind.

Wenn ich an den linken Faden ein Gewicht mit dem Wert von vier hänge, welches Gewicht sollte ich dann an den rechten Faden hängen, um das Gleichgewicht wiederherzustellen?“

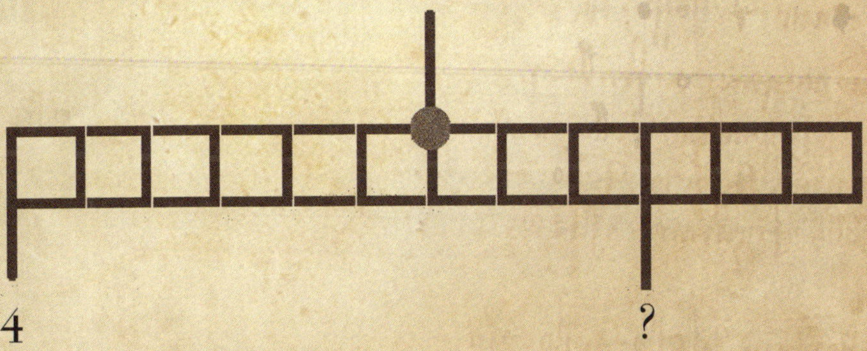

Lösung auf Seite 183

34

Die Gilden

In einer Stadt, deren Stadtmauern genau ein Quadrat bildeten, befanden sich die Häuser der Gilde der Alchemisten, der Gilde der Kaufleute, der Gilde der Künstler und der Gilde der Diebe alle nebeneinander in derselben Straße – wie in dem Plan unten gezeigt. Nach jahrelangen Fehden beschlossen die Gildemeister, die Stadt gleichmäßig unter sich aufzuteilen. Wie kann die Stadt so unterteilt werden, dass jede Gilde ein zusammenhängendes Gebiet beherrscht, in dem sich auch ihr Gildehaus befindet?

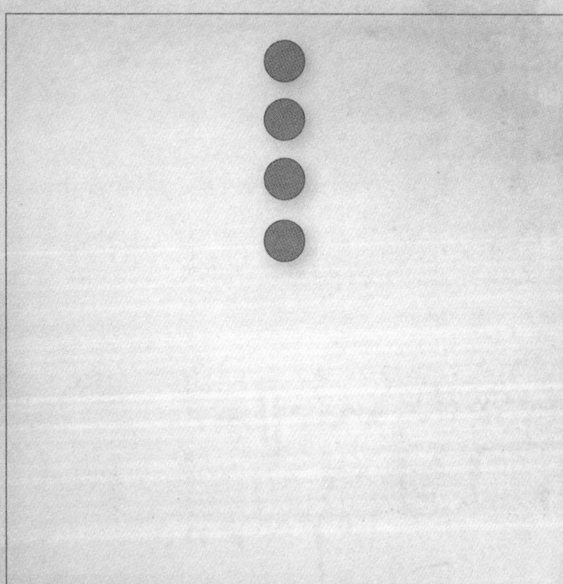

Lösung auf Seite 183

35

Die Summe der Künste

Können Sie den Wert jedes Gemäldes bestimmen und herausfinden, welche Zahl an der Stelle des Fragezeichens stehen sollte?

Zeilensummen: 15 / 8 / 14

Spaltensummen: 11 / 15 / ?

Lösung auf Seite 184

36

Eine Münze

Salais Augen leuchteten, als er die Münzen auf der Werkbank erspähte.

„Komm mir nicht auf dumme Gedanken, junger Lausbub! Das ist ein Rätsel für dich."

„Das könnte ich recht vergnügt auf dem Markt lösen, Meister." Salai grinste.

„Du kannst eine der Münzen haben, wenn es dir gelingt, sie so an eine andere Stelle des Kreuzes zu legen, dass ich zwei Reihen aus je fünf Münzen sehen kann."

Lösung auf Seite 184

Seil

Es war ein wunderschöner Frühlingsmorgen, und der Meister wollte einen Spaziergang unternehmen. Merkwürdigerweise packte er keinen Picknickkorb für ein zweites Frühstück, sondern nahm stattdessen ein ungewöhnlich langes Seil mit. Salai musste es bis tief in den Wald tragen.

Der junge Schüler getraute sich nicht zu fragen, wofür das Seil gedacht war. Hatte er es vielleicht endgültig zu weit getrieben? Schließlich traten die beiden aus dem Schatten der Baumkronen auf eine große, kreisförmige Lichtung, in deren Mitte ein See lag. In der Mitte des Sees befand sich wiederum eine Insel, und auf der Insel stand eine einsame Eiche.

Leonardo lief zum Ufer, an dem eine einzelne Weide wuchs. Dann wandte er sich zu Salai. „Auf dieser Insel gibt es einige seltene Pilze. Deine Aufgabe ist es heute, junger Salai, sie zu sammeln."

„Meister, Ihr wisst, dass ich nicht schwimmen kann."

„In der Tat, und aus diesem Grund haben wir das Seil dabei. Du solltest noch wissen, dass der Durchmesser des Sees 366 Meter beträgt. Das Seil, das du bei dir trägst, ist etwas länger als diese Entfernung."

Damit machte der Meister auf dem Absatz kehrt und ließ seinen Lehrling mit dem Problem allein.

Was sollte Salai tun?

Lösung auf Seite 184

38

Fehlende Teile

Das Gemälde auf der gegenüberliegenden Seite ist Leonardos *Anna selbdritt.* Fünf Teile aus diesem Werk fehlen. Können Sie die nummerierten Teile unten den Symbolen im Bild zuordnen?

I

II

III

IV

V

39

Lösung auf Seite 185

Leonardo-ku

Hier sehen Sie neun astrologische Symbole.

Können Sie diese so in die folgende Tabelle eintragen, dass in jeder Zeile, jeder Spalte und jedem 3x3-Block jedes Symbol nur einmal enthalten ist?

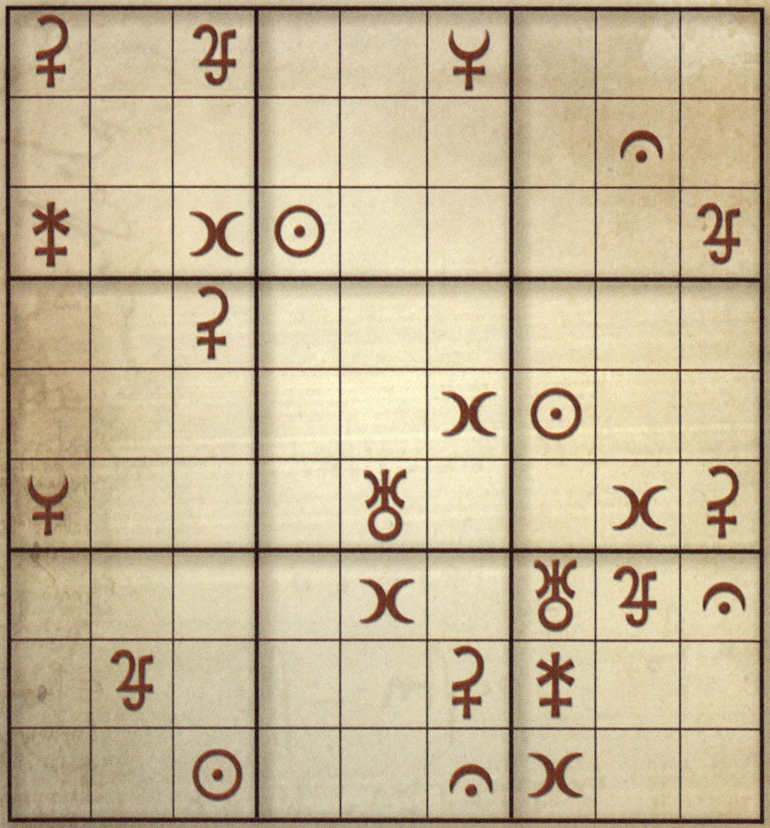

Lösung auf Seite 186

Die Zeit verrinnt

Mechanische Uhren waren auch in der Renaissance schon in Gebrauch, doch sie sollten erst mit Erfindung des Pendels, etwa 200 Jahre nach Leonardos Tod, wirklich zuverlässig werden.

Es ist wenig überraschend, dass sich in seinen Notizen Pläne für einen verbesserten Zeitmesser finden.

Eine weniger raffinierte Art der Zeitmessung war die Sanduhr. Sanduhren konnten mit exakt so viel Sand befüllt werden, wie zur Messung einer bestimmten Zeitspanne erforderlich war. Nehmen wir an, Sie haben eine 4-Minuten-Sanduhr und eine 7-Minuten-Sanduhr, doch Sie möchten 9 Minuten messen. Wie gehen Sie vor?

Lösung auf Seite 187

42

Mustererkennung

Sehen Sie sich das Muster in dieser Matrix an. Kommen Sie darauf, was in dem leeren Quadrat abgebildet sein sollte?

Lösung auf Seite 187

43

Momentaufnahme

Du solltest nun schon bewandert darin sein, Gleichgewicht in das Universum zu bringen, junger Salai. Welches Gewicht muss an dem freien Faden angebracht werden, damit alles wird, wie es sein soll?“

Lösung auf Seite 188

Aufmerksamkeit

Sehen Sie sich dieses Sammelsurium von Skizzen Leonardos an. Jede Skizze erscheint zweimal, bis auf eine. Welche? Achtung – manche sind spiegelverkehrt oder in anderen Größen abgebildet, aber es ist trotzdem dieselbe Skizze.

45

Lösung auf Seite 188

Die Summe der Künste

Können Sie den Wert jedes Gemäldes bestimmen und herausfinden, welche Zahl an der Stelle des Fragezeichens stehen sollte?

8

18

16

10 20 ?

Lösung auf Seite 188

Zwei Münzen

Als Salai vom Markt zurückkehrte, fand er 16 Münzen quadratisch angeordnet vor.

Er sah, dass sie abwechselnd mit der Voder- und Rückseite nach oben lagen.

„Wir können zu Abend essen, sobald du das Quadrat so neu geordnet hast, dass in jeder Spalte die Münzen mit derselben Seite nach oben weisen."

„Das ist schnell geschehen."

„Dabei darfst du nur zwei Münzen berühren."

Salai murmelte einen Fluch.

Lösung auf Seite 189

48

Fehlende Teile

Das Gemälde auf der gegenüberliegenden Seite ist die *Madonna mit der Nelke.* Fünf Teile aus diesem Werk fehlen. Können Sie die nummerierten Teile unten den Symbolen im Bild zuordnen?

I

II

III

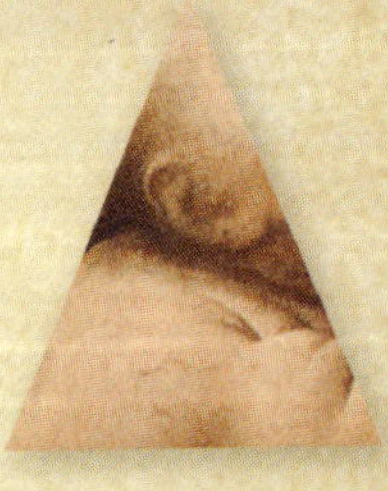

IV

V

49

Lösung auf Seite 190

Drei Löhne

Der Herzog hatte einen Architekten, einen Bildhauer und einen Maler mit dem Bau und der Ausstattung seiner neuen Kapelle beauftragt.

Dafür zahlte er den drei Männern einen Lohn von insgesamt 15 Florentiner Gulden. Hätte er dem Bildhauer doppelt so viel gezahlt, wie er ihm tatsächlich gezahlt hat, wären die Löhne für den Bildhauer und den Maler zusammen so hoch wie der Lohn des Architekten.

Mit wie viel Gulden entlohnte der Herzog die Männer jeweils?

Lösung auf Seite 191

Die verborgenen Seiten

„Wenn du nach einem Modell malst, musst du alles auf die Leinwand bringen, was du siehst. Vor allem aber musst du danach streben, das, was du nicht siehst, in deinem Gemälde einzufangen. Das ist das Geheimnis von Tiefe und Realismus.“

Salais Augen wurden glasig. Der Meister entschied sich also für einen anderen Weg, seinem Schüler diese Weisheit zu vermitteln. Er holte vier Papierschachteln und stellte sie so auf, dass jeweils nur drei Seiten sichtbar waren.

I II III IV

„Soll ich sie malen, Meister?“, fragte Salai. Nur knapp gelang es ihm, ein Gähnen zu unterdrücken.

„Nein. Ich möchte von dir wissen, welche der Schachteln aus dieser kreuzförmigen Vorlage entstanden ist.“

Lösung auf Seite 191

„Es gibt drei Arten von Menschen: solche die sehen, solche die sehen, wenn sie es gezeigt bekommen, und solche die nicht sehen."

Leonardo da Vinci

Rätsel für Lehrlinge

Leonardo selbst kam mit vierzehn Jahren als Lehrling in die Werkstatt des berühmten Florentiner Malers Andrea del Verrocchio.

1475 schuf Verrocchio die *Taufe Christi* und wurde dabei von dem jungen Leonardo unterstützt, der einen Engel in der unteren linken Ecke des Bildes malte.

Man sagt, Verrocchio sei von Leonardos Beitrag mehr als beeindruckt gewesen. Er erklärte, von seinem Schüler übertroffen worden zu sein, und beschloss, fortan keinen Pinsel mehr anzurühren!

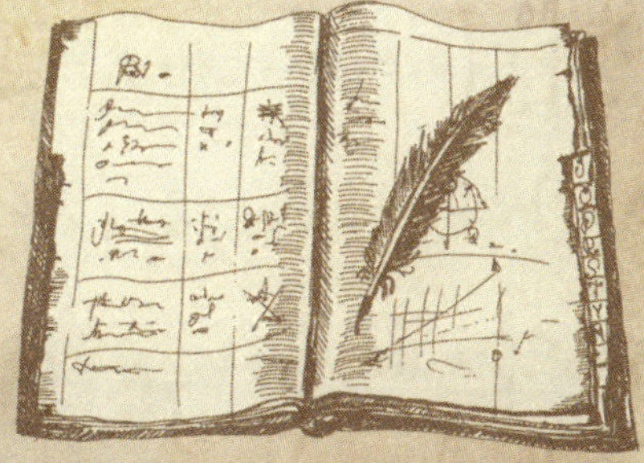

54

Verluste

Zwei verbündete Generäle zogen gegen einen gemeinsamen Feind in den Krieg. Während der Schlacht waren die Soldaten ihren Gegnern an Zahl und Stärke ebenbürtig.

„Ich verstehe das nicht“, sagte der zweite General. „Eure Mannen entsprechen meinen in jeder Hinsicht – und doch hat Eure Armee doppelt so viele Verletzte zu beklagen.“

Was könnte diese Ungleichheit erklären?

Lösung auf Seite 192

Reiter

Pferde und Männer flohen aus Florenz. Vierundvierzig Beine und dreißig Augen, auf jedem Ross ein Reiter!“, kreischte der alte Mann.

„Sagt er eigentlich jemals etwas Sinnvolles?“, murmelte Salai.

„Was er sagt, ergibt immer Sinn – auf seine Art“, antworte Leonardo, in Gedanken versunken. „Wir sollten besser den Herzog informieren; es klingt, als hätten die Reiter einen Gefangenen gemacht.“

Wie kam Leonardo zu diesem Schluss?

Lösung auf Seite 192

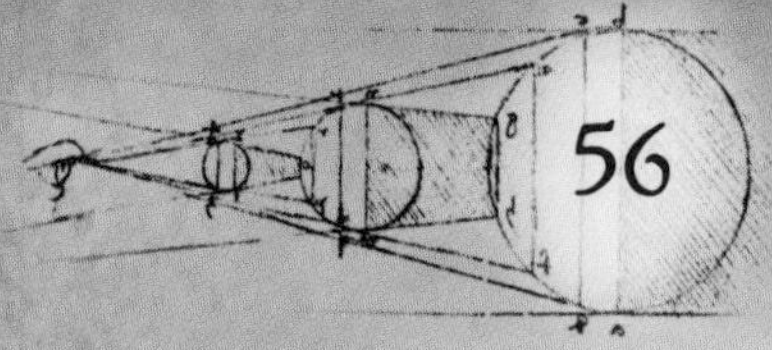

56

Zahlenmagie

Befüllen Sie die leeren Felder dieses Gitters so mit den fehlenden Zahlen zwischen I und IX, dass die Summen aller Zeilen, Spalten und langen Diagonalen identisch sind.

IV		
	V	
		VI

Lösung auf Seite 193

57

Gemeine Brüche

Der Hof ist nun in zwei verfeindete Flügel auseinandergebrochen", sagte Leonardo. „Wenn ein weiterer Adeliger zu Rom überläuft, wird es doppelt so viele Papsttreue wie Freunde der Medici geben. Doch wenn ein Papstanhänger sich den Medici anschließt, werden beide Flügel ebenbürtig an Zahl sein."

Salai runzelte die Stirn. „Wie viele Anhänger hat denn jeder Flügel im Moment?"

„Das habe ich dir gerade gesagt", antwortete Leonardo.

Wie lautet die Antwort?

Lösung auf Seite 193

58

Fehlende Teile

Das Gemälde auf der gegenüberliegenden Seite ist *Der heilige Hieronymus.* Fünf Teile aus diesem Werk fehlen. Können Sie die nummerierten Teile unten den Symbolen im Bild zuordnen?

I

II

III

IV

V

Lösung auf Seite 194

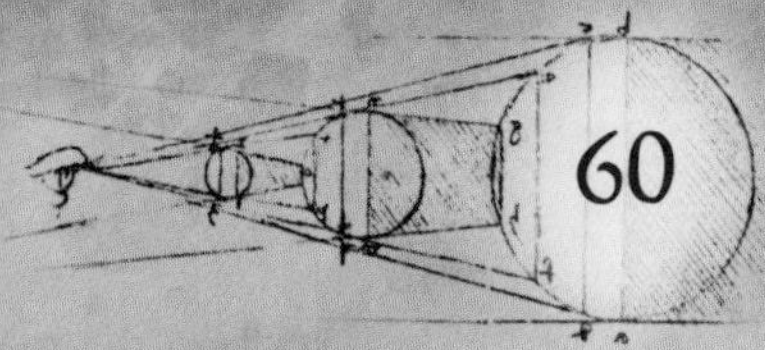

60

Ein Zeichen

Leonardo und Salai waren von Florenz nach Volterra unterwegs, als sie auf einen Wegweiser stießen, der aus dem Boden gerissen worden war.

„Die Leute in dieser Gegend sind den Medici nicht freundlich gesinnt“, erklärte Leonardo. „Oft zerstören sie Wegweiser, um Besucher der Medici vom Weg abzubringen. Zum Glück ist der hier nur umgestoßen.“

„Aber wie können wir jetzt unseren Weg finden, Meister? Das im Schlamm liegende Schild hilft uns nicht weiter.“

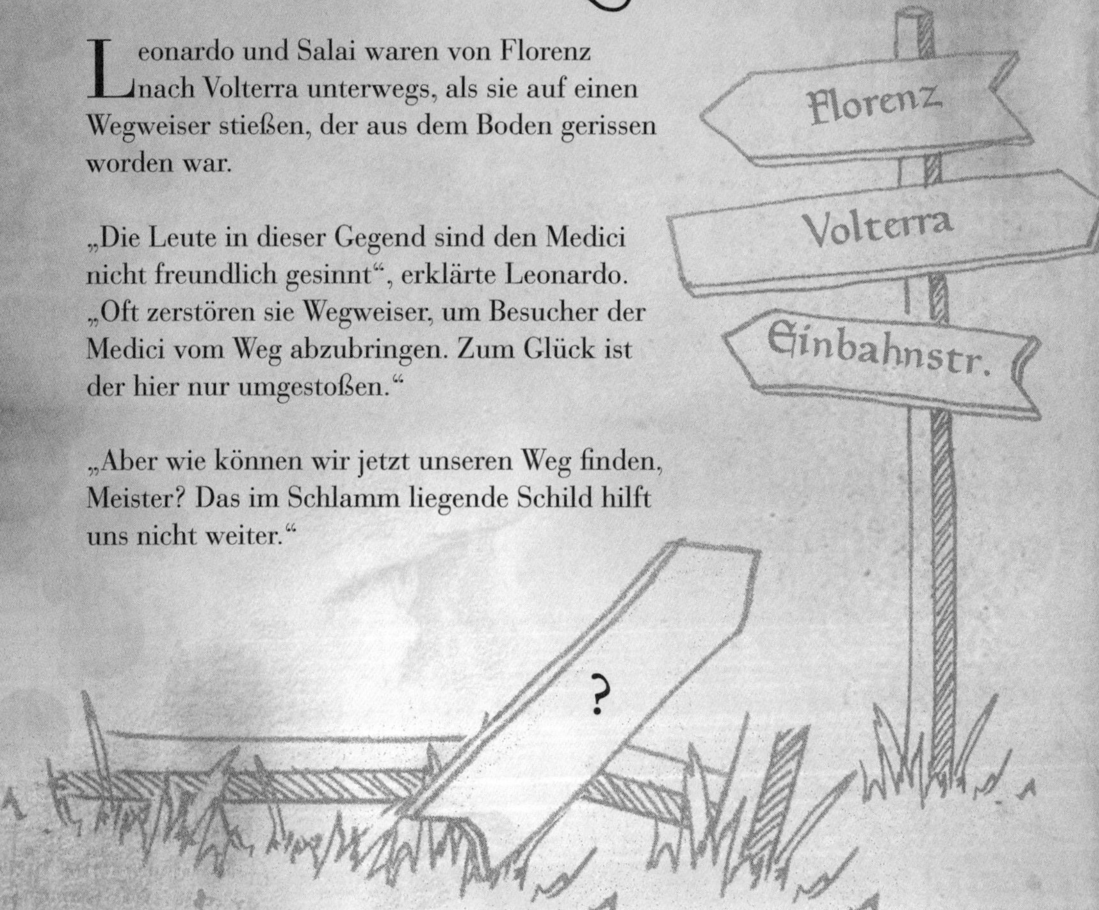

Lösung auf Seite 195

Leonardo-ku

Können Sie diese neun Symbole so in das Gitter eintragen, dass in jeder Zeile, jeder Spalte und jedem 3x3-Block jedes Symbol nur einmal enthalten ist?

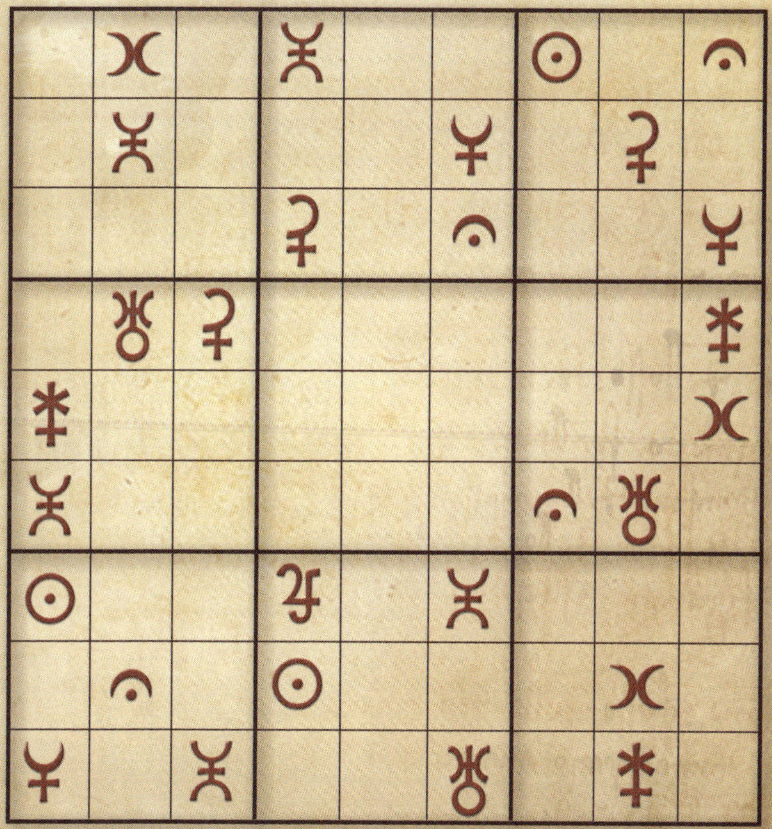

Lösung auf Seite 195

62

Lohnende Rechnung

Leonardo wurde von einem frommen, sehr geizigen und im Übrigen dummen Auftraggeber gebeten, einen Fries zu malen.

„Ich werde das Werk in 36 Tagen vollenden“, sagte Leonardo.

„Und was ist Euer Lohn?“, fragte der Auftraggeber mürrisch.

„Oh, Ihr habt nichts zu befürchten. Am ersten Tag könnt Ihr mich mit nur einer Münze entlohnen.“

Der Auftraggeber blickte überrascht drein.

„Wenn Ihr mit dem Beginn des Werks vollkommen zufrieden seid, könnt Ihr mir zwei Münzen am zweiten Tag zahlen, drei Münzen am dritten … und so fort.“

„Einverstanden“, sagte der Auftraggeber. Die einfache Rechenaufgabe hatte seine Stirn in tiefe Furchen gelegt.

Wie hoch ist Leonardos Lohn insgesamt?

Lösung auf Seite 196

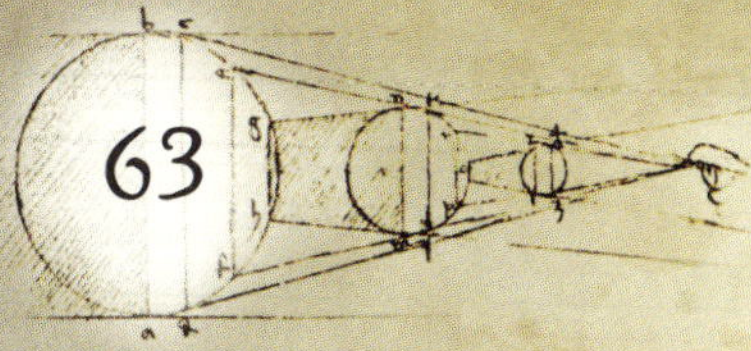

Fortschreitende Verluste

Ein Soldat erschien im Palast des Herzogs, blutbefleckt und am Ende seiner Kräfte.

Nachdem er sich mit einem Krug Bier gestärkt hatte, war er in der Lage, seine traurige Geschichte zu erzählen:

„Wir haben die Hälfte unserer Mannen in der Schlacht gegen die Franzosen verloren. Auf dem Rückzug haben wir nochmals 20 Prozent unserer Truppenstärke durch Scharmützel mit Räuberbanden verloren. Schließlich ist ein Viertel unserer Männer auf dem Heimweg ihren Verletzungen erlegen. Als wir hier ankamen, liefen die verbleibenden 29 Männer direkt ins Wirtshaus, doch ich wollte Eurer Hoheit zuerst Bericht erstatten."

Wie viele Soldaten hatten sich ursprünglich in den Kampf begeben?

Lösung auf Seite 196

64

Wann genau?

Meister, heute ist der Sechste des Monats.“

„Gut beobachtet, junger Salai. Sag mir, inwiefern ist das von Bedeutung?“

„Ihr habt versprochen, mich diesen Monat in die Geheimnisse der Alchemie einzuweihen, Meister!“

„Und ich werde dich in sie einweihen … und zwar am Tag vor drei Tagen nach übermorgen.“

„Und ich werde Euch daran erinnern, Meister … Moment, wann ist das genau?“

Lösung auf Seite 196

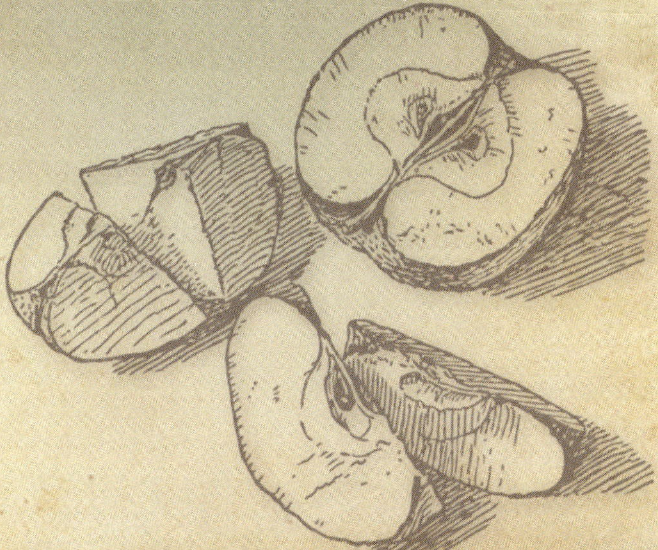

Gemeine Brüche

Die Medici sind zuallererst Kaufleute. Sie schätzen die Buchführung höher als die Kunst“, murmelte Leonardo nach einem eher erfolglosen Treffen mit seinem Mäzen missmutig.

Salai blieb still.

„Und wie steht es mit deinen Rechenkünsten, junger Lausbub?“, knurrte der Meister. „Sag mir, wie viel ist die Hälfte von zwei Dritteln von drei Vierteln von vier Fünfteln von fünf Sechsteln von sechs Siebteln von sieben Achteln von acht Neunteln von neun Zehnteln von hundert?“

Lösung auf Seite 197

66

Anziehungskraft

Erinnerst du dich an unser Gespräch über die Geheimnisse des Magnetismus, junger Salai?“

„Ja, Meister. Ich versuche immer noch, die Eisenspäne aus meiner Hose zu bekommen.“

„Schau her. Ich habe hier zwei Eisenstäbe, die absolut identisch aussehen. Doch einer von ihnen ist magnetisiert, der andere nicht.“

Salai trat einen Schritt zurück.

„Nur die Ruhe. Ich möchte nur eines wissen: Kannst du herausfinden, welcher Stab magnetisch ist, indem du die beiden Stäbe auf der Werkbank hin- und herschiebst – ohne sie anzuheben und ohne einen anderen Gegenstand zu verwenden?“

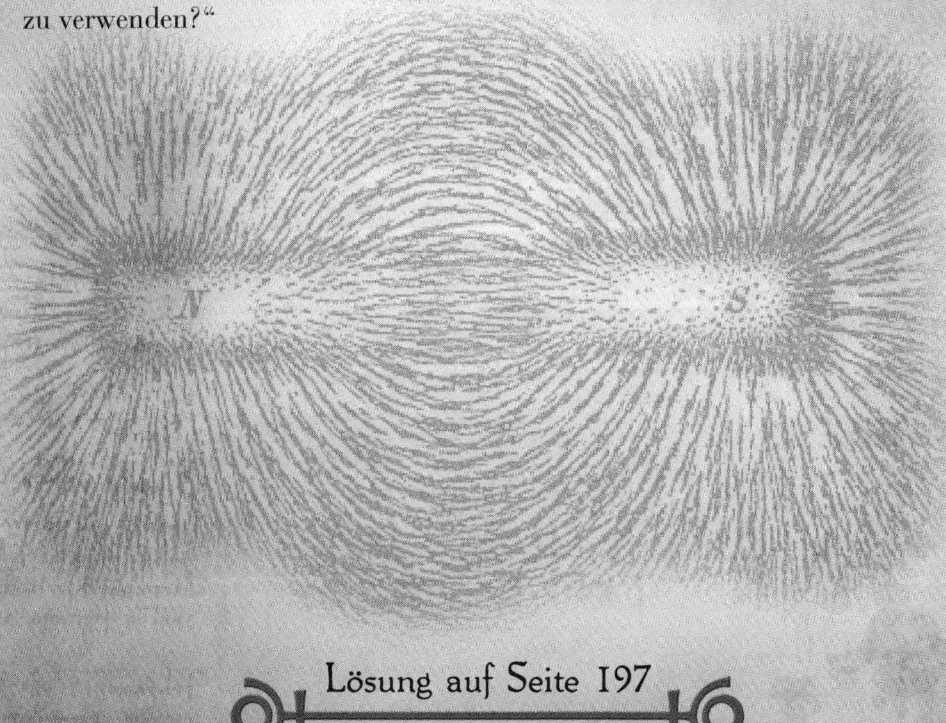

Lösung auf Seite 197

67

Römische Zahlen

Inzwischen war es schon zur Gewohnheit geworden, dass Salai gleich nach dem Aufwachen zur Werkbank lief und dort ein Rätsel vorfand, das der Meister am Abend vorher ausgetüftelt hatte. Dieser Morgen bildete da keine Ausnahme.

Auf der Werkbank lagen ein paar Holzstecken, die sich bei näherer Betrachtung als eine Gleichung in römischen Zahlen erwiesen:

„Ha! Eure Rechnung ist falsch, Meister", bemerkte Salai.

„In der Tat", gab Leonardo zurück, ohne von seinen Notizen aufzublicken. „Vielleicht könntest du sie für mich korrigieren? Allerdings …"

„Lasst mich raten – ich darf nur einen der Stecken bewegen?"

Leonardo lächelte. „Ganz genau."

Lösung auf Seite 197

Fehlende Teile

Das Gemälde auf der gegenüberliegenden Seite ist die *Madonna Benois.* Fünf Teile aus diesem Werk fehlen. Können Sie die nummerierten Teile unten den Symbolen im Bild zuordnen?

I

IV

II

V

III

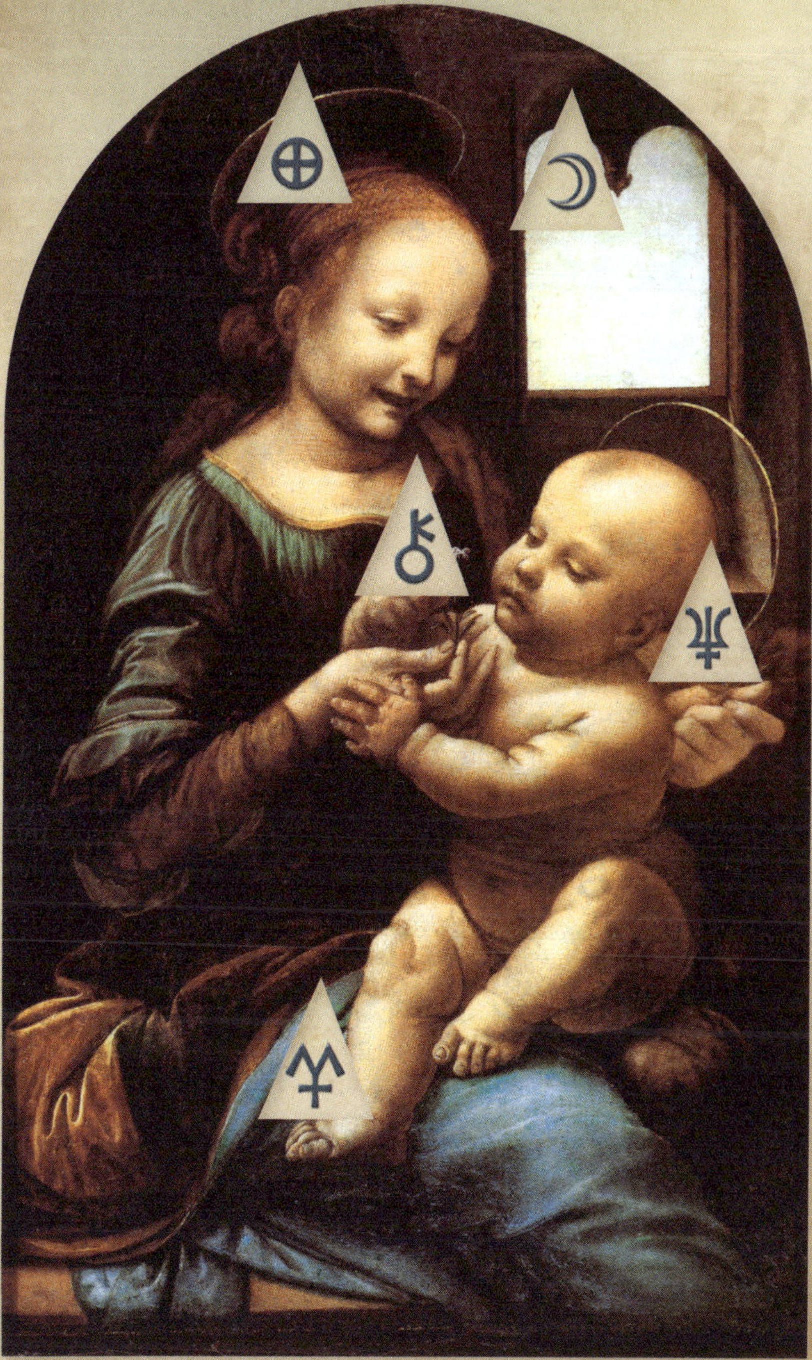

Lösung auf Seite 198

70

In vino veritas

„Sag mir, Salai, ist unser letztes Fass Wein mehr als halb voll oder mehr als halb leer?“

Salai blickte auf die dunkle, spiegelnde Oberfläche des Weins. Das Fass konnte halb voll oder auch halb leer sein. „Wollt Ihr meinen Optimismus auf die Probe stellen, Meister?“

„Nein, das ist eine absolut ernst gemeinte Aufgabe. Sicher kannst du sie lösen, ohne Messgeräte zu verwenden … oder dumme Fragen zu stellen?“

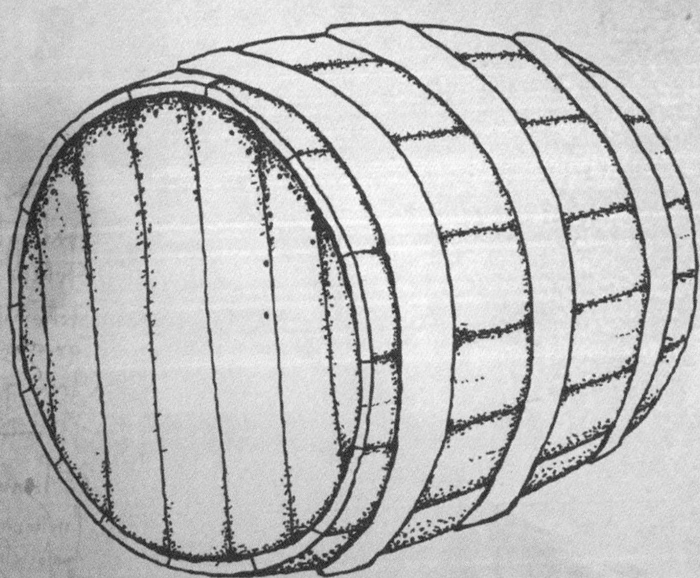

Lösung auf Seite 199

71

Kanonen

Leonardo testete die Feuerrate zweier Belagerungskanonen. Die erste Kanone konnte fünf Schüsse in fünf Minuten abgeben, die zweite zehn Schüsse in zehn Minuten.

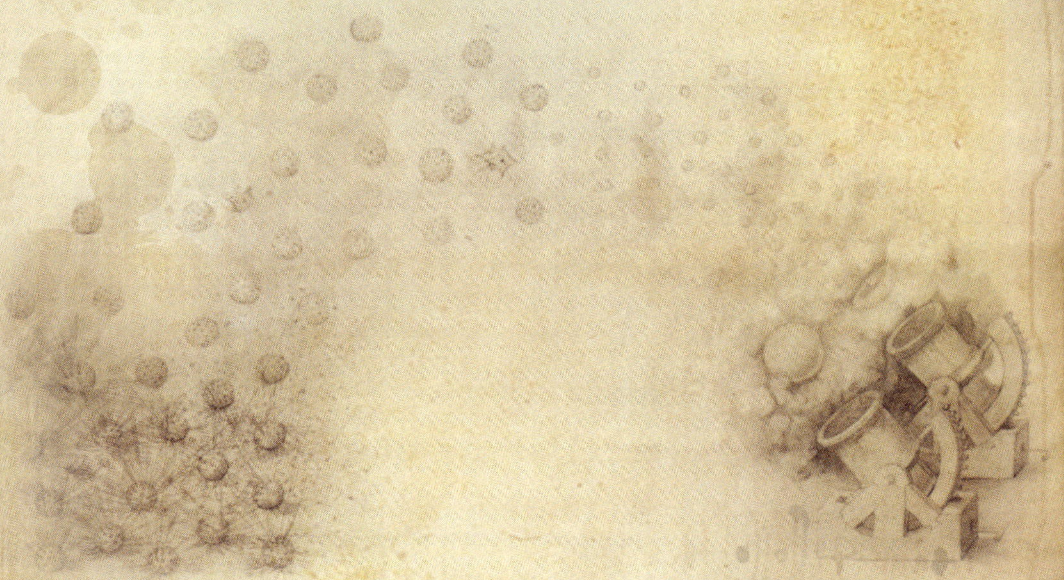

Welche Kanone konnte schneller ein Dutzend Schüsse abgeben?

Lösung auf Seite 199

Räder in Bewegung

„Hier ist ein weiteres Modell, an dem du deinen Geist schulen kannst, junger Salai“, sagte Leonardo.

Auf seiner Werkbank befanden sich drei hölzerne Walzen, auf die er eine Schieferplatte legte.

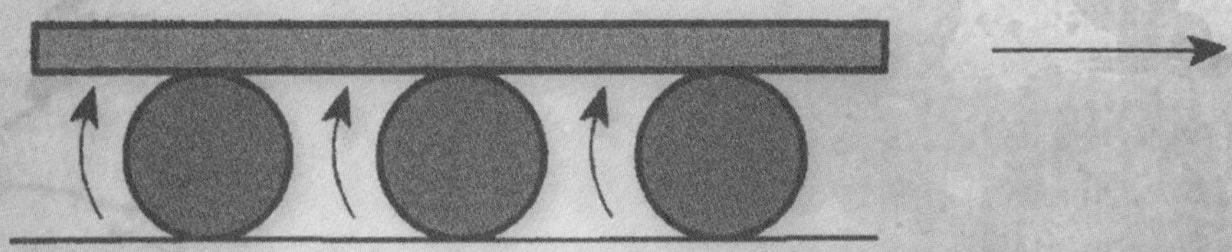

„Wenn die Walzen einen Umfang von einem Braccio haben, wie weit wird sich die Platte vorwärtsbewegt haben, wenn die Walzen eine komplette Umdrehung zurückgelegt haben?“

Lösung auf Seite 199

Leonardo-ku

Können Sie diese neun Symbole so in das Gitter eintragen, dass in jeder Zeile, jeder Spalte und jedem 3x3-Block jedes Symbol nur einmal enthalten ist?

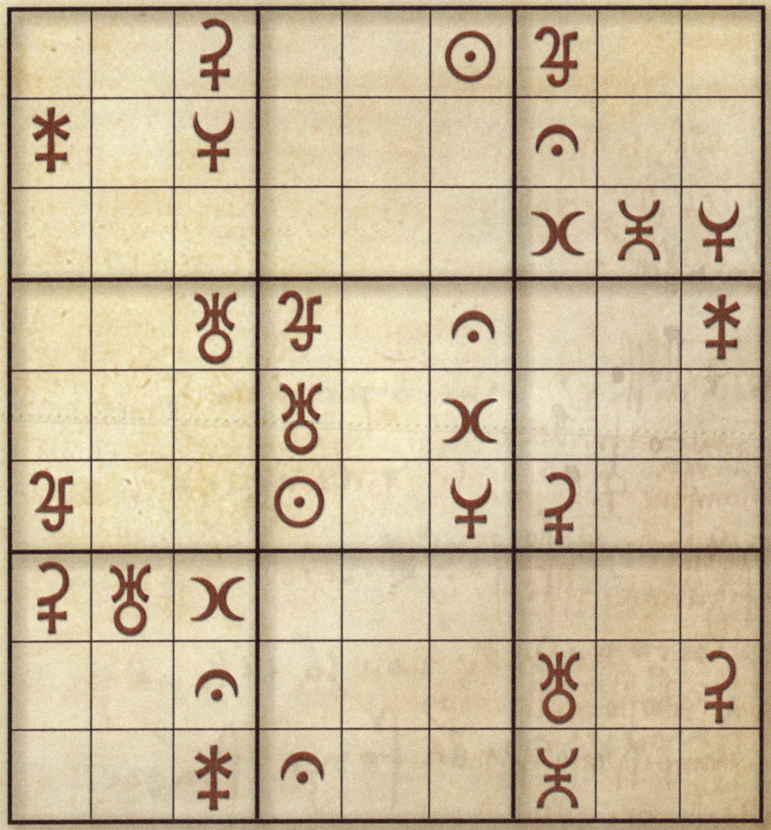

Lösung auf Seite 200

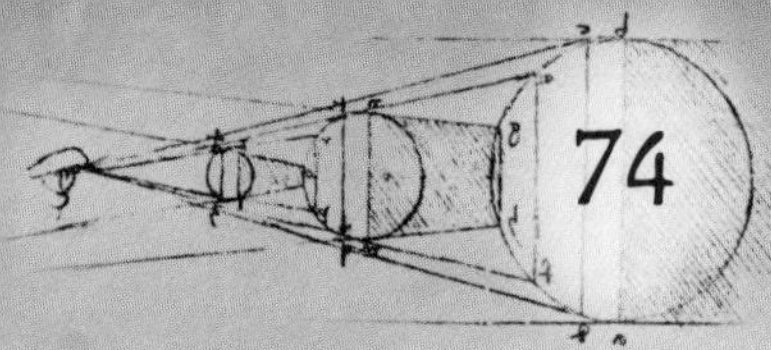

74

Genauigkeit

Die Feuerrate ist wichtig, doch sie ist kein Ersatz für Zielgenauigkeit. Heute werden wir unsere neuen Kanonen an einigen Zielen testen."

Leonardo und Salai hatten die Belagerungskanonen auf ein großes Feld am Stadtrand von Florenz gezogen. Dort hatte der Meister aus Holz und Gips realistisch wirkende Befestigungsmauern errichtet.

Beim ersten Testdurchlauf trafen beide Kanonen bei je 50 Schüssen ihre Ziele je 25-mal. Dann stellten Leonardo und sein Schüler die Kanonen auf weiter entfernte Ziele ein. Mit der ersten Kanone gaben sie 34 Schüsse ab, wovon 3 ins Ziel gingen; mit der zweiten 25 Schüsse, wovon kein Schuss erfolgreich war.

„Die erste Kanone ist besser, Meister", sagte Salai voller Überzeugung.

„Mag sein", erwiderte Leonardo. „Obwohl ich, wäre dies ein Schießturnier, nicht so sicher wäre."

Weshalb?

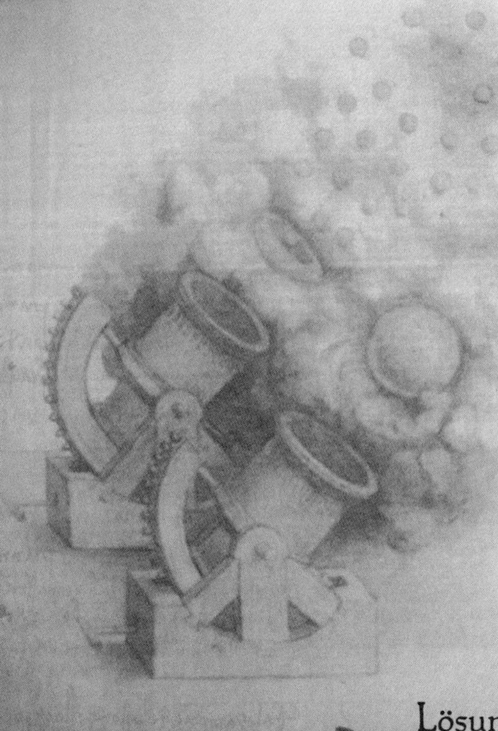

Lösung auf Seite 200

Rekrutierung

Drei junge Männer hatten sich für die herzogliche Wache beworben.

Zwei waren gewandt in der Kunst, ein Schwert zu führen, zwei waren im Bogenschießen geschult und zwei waren ausgezeichnete Reiter. Der Mann, der nicht mit einem Schwert umgehen konnte, hatte auch keine Erfahrung im Bogenschießen, und der Bewerber, der kein Bogenschütze war, konnte auch nicht reiten.

In welchen Künsten waren die Bewerber jeweils erfahren?

Lösung auf Seite 201

76

Deserteure

Zwei verfeindete Armeen besaßen dieselbe Anzahl von Soldaten. Wie viele Männer aus der Armee des ersten Generals müssten desertieren (und zu den feindlichen Reihen überlaufen), damit der zweite General 1000 Soldaten mehr besäße als der erste?

Lösung auf Seite 201

Die überschrittene Frist

Cesare Borgias robuster Sinn für Humor war berüchtigt.

„Leonardo, ich werde es nicht hinnehmen, dass Ihr mein Bildnis nicht vollendet habt. Wählt Eure Strafe."

„Mein Herr?"

„Ihr könnt entweder eine Hand oder ein Auge verlieren, oder ich lasse meine Männer Euch in eine Grube mit wilden Hunden werfen, die fünf Monate lang nichts gefressen haben."

Welches Schicksal sollte unser Künstler-Bildhauer-Erfinder in seiner Not wählen?

Lösung auf Seite 201

Fehlende Teile

Das Gemälde auf der gegenüberliegenden Seite ist die *Madonna in der Felsengrotte.* Fünf Teile aus diesem Werk fehlen. Können Sie die nummerierten Teile unten den Symbolen im Bild zuordnen?

I

II

III

IV

V

79

Lösung auf Seite 202

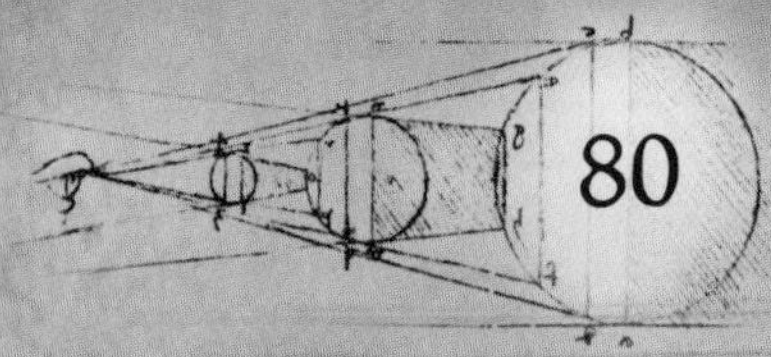

80

Freigebigkeit

Warst du heute Morgen in der Messe?“, fragte Leonardo.

„Ja, Meister. Wir wurden an die Tugend der Freigebigkeit erinnert.“

Der Meister lächelte. „Ein Ding gibt es, das behalten oder geteilt werden kann, das aber aufhört zu sein, sobald man es teilt.“

Was ist es?

Lösung auf Seite 203

81

Päpstliche Bulle

Rodrigo Lanzol Borgia machte sich im Lauf seines Lebens eine Menge Feinde. Seine Familie wurde aller möglichen ruchlosen Verbrechen bezichtigt, von Inzest über Ehebruch bis hin zu Diebstahl und Mord.

Und doch wurde Borgia, obwohl er zur Zeit des Papstes Alexander VI. in Rom lebte, nie exkommuniziert.

Können Sie sagen, weshalb nicht?

Lösung auf Seite 203

82

Ein Pferderennen

Giovanni Borgia hielt sich selbst für einen begnadeten Reiter. Er forderte drei seiner Freunde zu einem Pferderennen heraus. Dabei überholte er den Reiter, der sich an zweiter Stelle befand, wurde jedoch auf den letzten Metern von zwei anderen Reitern überholt.

Als Wievielter kam er ins Ziel?

Lösung auf Seite 203

83

Leonardo-ku

Können Sie diese neun Symbole so in das Gitter eintragen, dass in jeder Zeile, jeder Spalte und jedem 3x3-Block jedes Symbol nur einmal enthalten ist?

Lösung auf Seite 204

84

Die Ersten werden die Letzten sein

Rodrigo Borgia erdachte einen Wettbewerb für seine konkurrierenden Söhne Giovanni und Cesare.

„Ich schlage ein Pferderennen rund um den Palast vor“, sagte der Vater. „Aber mit einer Besonderheit: Matthäus 20:16.“

„Die Letzten werden die Ersten und die Ersten die Letzten sein?“, fragte Giovanni.

„Ganz genau. Derjenige, dessen Pferd zuletzt eintrifft, wird meine Gunst erlangen.“

Giovanni und Cesare hielten einen Moment inne und eilten dann zu den Ställen.

Sekunden später tauchten sie wieder auf, beide im Sattel und in vollem Galopp reitend.

Warum waren beide Brüder so darauf bedacht, als Erster ins Ziel zu gelangen?

Lösung auf Seite 205

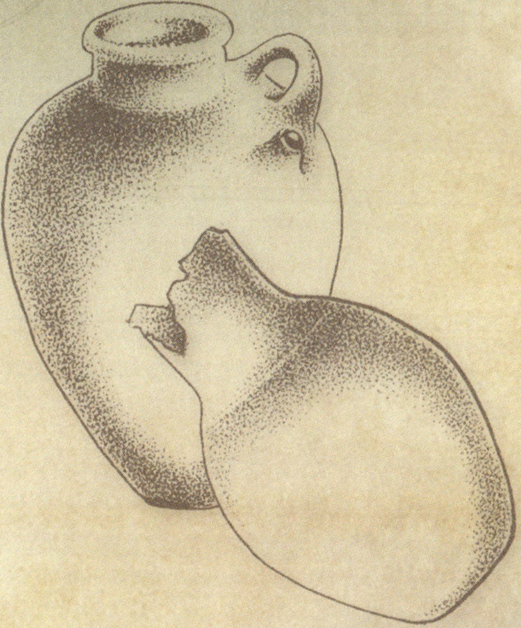

Tropfen für Tropfen

Leonardo nahm ein Tongefäß und goss vorsichtig Wein hinein, Tropfen für Tropfen. Sein Lehrling beobachtete ihn schweigend, bis der Meister schließlich das Wort ergriff.

„Sag mir, junger Salai, wie viele Tropfen Wein passen in einen leeren Kelch?“

Lösung auf Seite 205

Die Macht der Drei

Salai fand ein geheimnisvolles Pentagramm, das auf eine Pergamentrolle gezeichnet war.

„Ist das eine Art Zauberei, Meister?“, fragte er flüsternd. Leonardo lachte.

„Das ist nicht Magie, kleiner Lausbub, sondern Mathematik. Wie viele Dreiecke siehst du?“

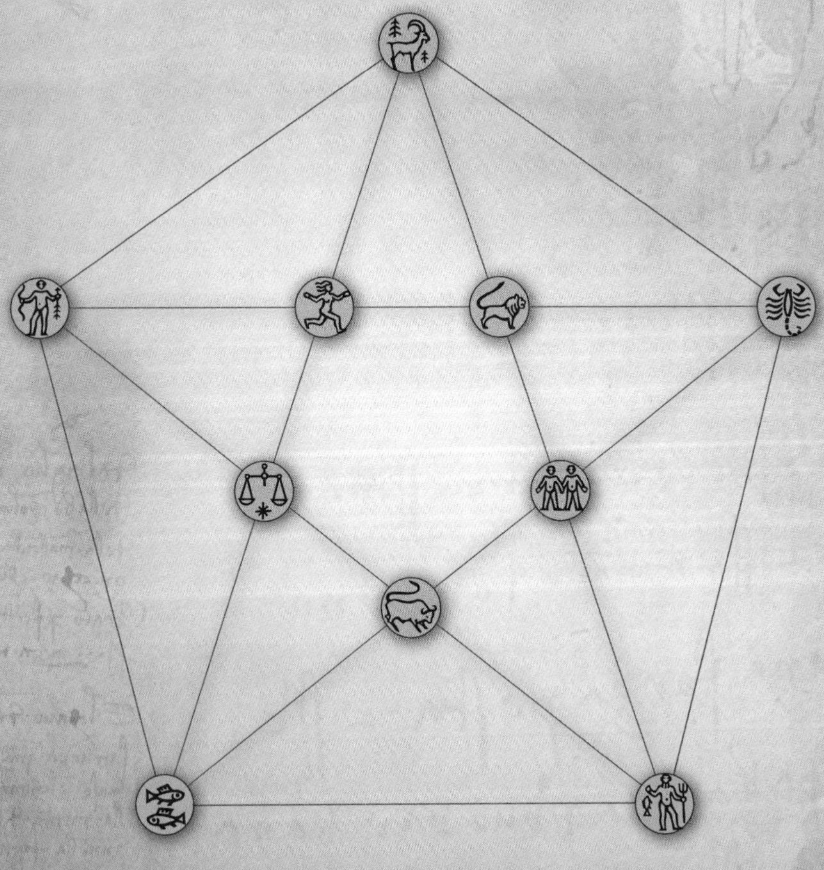

Lösung auf Seite 205

87

Die Summe der Künste

Können Sie den Wert jedes Gemäldes bestimmen und herausfinden, welche Zahl an der Stelle des Fragezeichens stehen sollte?

11

13

?

14

12 12 19 11

Lösung auf Seite 206

Fehlende Teile

Das Gemälde unten ist die *Verkündigung*. Fünf Teile aus diesem Werk fehlen. Können Sie die nummerierten Teile den Symbolen im Bild zuordnen?

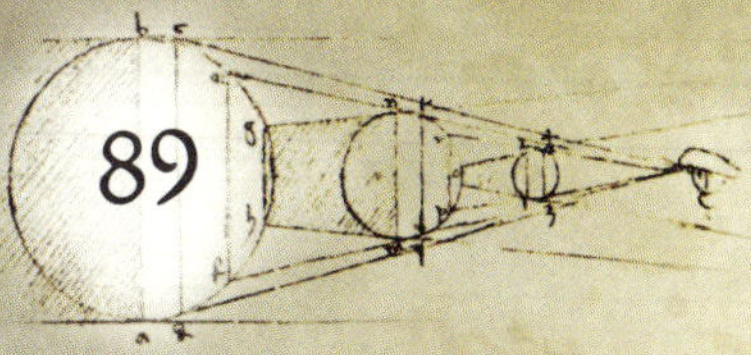

I II III IV V

Lösung auf Seite 206

90

Erkenntnis

Mit Schrecken sah Salai, dass die Wand der Werkstatt wieder einmal mit Zahnrädern behängt war. Der Meister hatte ihm einen Zettel hingelegt:

Alles Gute zum Geburtstag, kleiner Lausbub! Dein Geschenk befindet sich am Ende der Zahnradkette. Achte darauf, die Kurbel in die richtige Richtung zu drehen, sonst blockiert das Ganze.

Wie herum muss Salai die Kurbel drehen, damit sich sein Geschenk zu ihm herabsenkt?

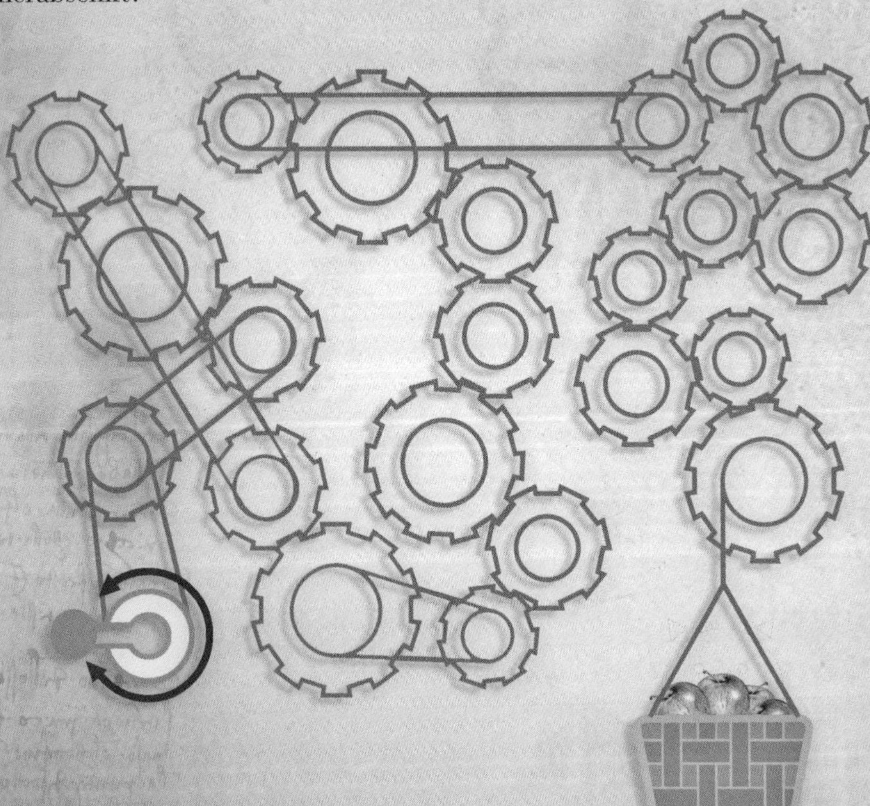

Lösung auf Seite 207

91

Mustererkennung

Sehen Sie sich das Muster in dieser Matrix an. Kommen Sie darauf, was in dem leeren Quadrat abgebildet sein sollte?

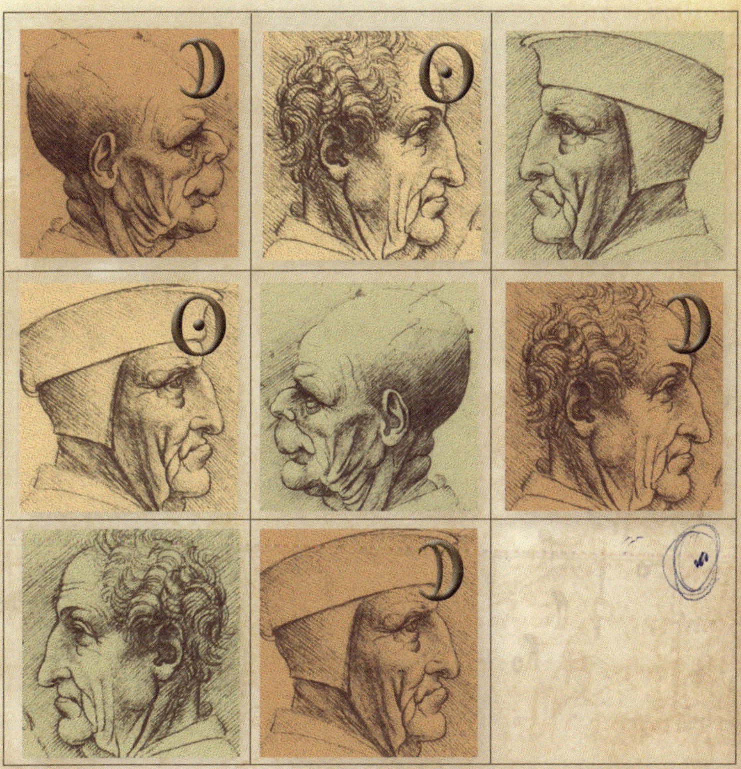

Lösung auf Seite 207

„Wie das Eisen rostet,
wenn es nicht benützt
wird, und das Wasser
faulig wird oder bei Kälte
gefriert, so verdirbt auch
der Geist ohne Übung.“

Leonardo da Vinci

Rätsel für Gesellen

Abwechslungsreich und aufregend, so war Leonardos Leben. Dank seiner vielfältigen Begabungen bereiste er ganz Italien.

1482 schuf er eine Lyra (ein Saiteninstrument) aus Silber in der Form eines Pferdekopfs. Sein Mäzen Lorenzo de' Medici schickte Leonardo nach Mailand, um das Instrument Ludovico Sforza, dem Herzog von Mailand, als Friedensgabe anzubieten.

In Mailand malte Leonardo *Das letzte Abendmahl.*

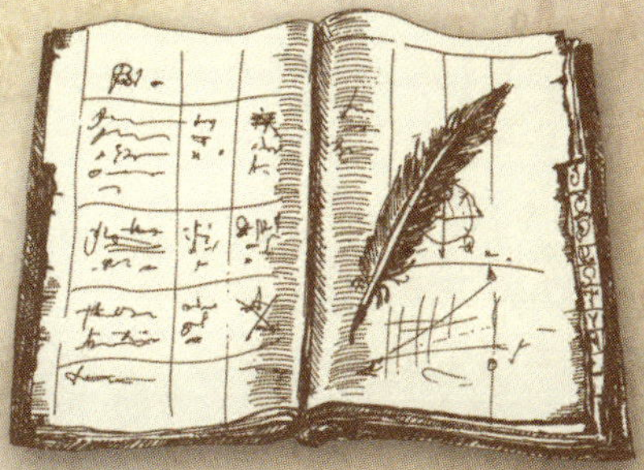

Hexerei

In einem der härtesten Winter seit Menschengedenken fanden sich Leonardo und Salai in einem Dorf wieder, das ihnen besonders feindlich gesonnen war. Die Bewohner nahmen an den unorthodoxen Ansichten des Meisters Anstoß.

Die beiden mussten die Nacht in einem Gasthaus verbringen, während das Dorf von einem Schneesturm geschüttelt wurde. Nach ein paar Krügen schlechten Bieres wurden sie von einigen Dorfbewohnern heimtückisch überfallen. Sie fesselten Leonardo, doch ließen den Jungen frei: Die Tochter des Wirts hatte sie überzeugt, er sei nur ein argloses Opfer, das von dem teuflischen Leonardo da Vinci in den Bann gezogen worden sei.

„Beim Morgenläuten verbrennen wir den Gotteslästerer!“, kündigte der Dorfälteste an.

95

„Das ist überaus freundlich von Euch“, sagte Leonardo herausfordernd, „ich bin überrascht, dass Ihr so viel Feuerholz übrig habt.“

Der nächste Morgen war hell und sonnig, und das ganze Dorf hatte sich versammelt, um der Hinrichtung beizuwohnen. Leonardo wurde an einen Scheiterhaufen gebunden, der von ungeduldigen, Fackeln tragenden Dorfbewohnern umringt war.

Plötzlich zerriss ein Schrei die Stille. Es war Salai.

„Ein Engel hat mich besucht“, rief er, „er sagte, die Morgenglocke würde nicht läuten, solange Ihr einen untadeligen Mann gefangen haltet!“

„Was für ein Unsinn!“, antwortete der Älteste. Doch tatsächlich wollte die Glocke einfach nicht läuten und die Hinrichtung musste verschoben werden.

Die Kirchturmleiter war offensichtlich in der Nacht beschädigt wurden, und so wurde es Nachmittag, bis die Dorfbewohner überprüfen konnten, ob sich jemand an der Glocke zu schaffen gemacht hatte.

Zu ihrem Erstaunen fanden sie die Glocke in funktionstüchtigem Zustand vor. Ehrfurchtsvoll ließen sie Leonardo und Salai unbehelligt ziehen.

„Gern geschehen“, sagte Salai mit einem Grinsen.

Wie hatte er Leonardo gerettet?

Lösung auf Seite 209

96

Misstrauen

Drei Borgia und drei Medici fanden sich auf einer Insel wieder. Nur mit einem kleinen Ruderboot, in dem gerade einmal zwei Männer Platz fanden, konnten sie wieder zurück über das Wasser gelangen.

Da den Borgia der Ruf vorauseilte, verräterisch zu sein, bestanden die Medici darauf, dass ihnen die Borgia an keinem der Ufer je zahlenmäßig überlegen sein durften.

Wie können sie alle von der Insel gelangen?

Lösung auf Seite 209

97

Und die Wahrheit wird Euch frei machen?

Leonardo war von einem übereifrigen Kardinal wegen Ketzerei angeklagt und in den Kerker geworfen worden.

Mit seinem Einfallsreichtum war es für Leonardo ein Kinderspiel, aus der Zelle zu entkommen und die Wächter zu überzeugen, er sei ein Beauftragter des Vatikans.

Doch unglücklicherweise hatten die Wächter besondere Anweisungen vom Kardinal: Einer durfte nur die Wahrheit sagen, der andere musste immer lügen. Nur der Kardinal wusste, wer welche Anweisung hatte.

Auch dies wäre noch nicht so verhängnisvoll gewesen, hätte nicht jeder von ihnen eine verriegelte Tür bewacht, von denen eine zu einem System unterirdischer Gänge und damit schließlich zur Freiheit führte, die andere aber in eine Todesfalle, aus der es kein Entrinnen gab.

Leonardo konnte nur eine einzige Frage stellen, sonst hätten die Wächter auf seine wahre Identität aufmerksam werden können.

Welche Frage sollte er stellen?

Lösung auf Seite 209

Leonardo-ku

Können Sie diese neun Symbole so in das Gitter eintragen, dass in jeder Zeile, jeder Spalte und jedem 3x3-Block jedes Symbol nur einmal enthalten ist?

Lösung auf Seite 210

99

Hüte

Leonardo hatte vier potenzielle Lehrlinge zu einem Vorstellungsgespräch eingeladen: Alberto, Benito, Caspar und Donatello. Er ließ sie alle mit geschlossenen Augen Platz nehmen und setzte jedem einen Hut auf den Kopf.

„Zwei der Hüte sind schwarz, zwei sind weiß“, verriet er ihnen. Dann setzte er die Jungen so um, dass Benito und Donatello keinen der anderen Jungen im Blickfeld hatten.

Alberto konnte nur Benito sehen, Caspar nur Alberto und Benito.

„Der erste, der mir sagen kann, welche Farbe sein Hut hat, wird mein Lehrling. Jetzt könnt ihr die Augen öffnen.“ Schließlich durchbrach einer der Jungen das darauffolgende verlegene Schweigen mit der korrekten Antwort.

Wer durfte die Lehre antreten?

Lösung auf Seite 210

100

Noch mehr Hüte

Die Kunde von Leonardos Idee, seine Lehrlinge mit Hutrătseln auszuwählen, verbreitete sich schnell. Ein ortsansässiger Kaufmann musste einen Lehrling aus drei Bewerbern auswählen und bat dazu Leonardo um Hilfe.

„Das sind Estefan, Ferdinand und Gabriel. Alle drei sind kluge Jungen, doch leider kann ich nur einen einstellen.“

Leonardo lud die Bewerber in sein Atelier ein und verkündete: „Ich habe fünf Hüte, drei schwarze und zwei weiße.“

Er bedeutete den Jungen, Platz zu nehmen und die Augen zu schließen. Dann setzte er jedem von ihnen einen Hut auf und sperrte die beiden verbleibenden Hüte in eine Truhe.

„Ihr könnt die Augen jetzt öffnen. Wer kann mir sagen, welche Farbe sein Hut hat?“

Estefan öffnete seine Augen, blickte umher und gab zu: „Ich habe keine Ahnung.“ Ferdinand erging es genauso.

Gabriel öffnete sein Augen nicht, sagte aber mit einem glücklichen Grinsen: „Mein Hut ist schwarz!“

Wie konnte er das wissen?

Lösung auf Seite 211

Blei zu Gold

Ein Kunde Leonardos hatte für einen Auftrag eine Anzahlung von neun Münzen entrichtet.

Allerdings war dieser Kunde ein notorischer Schwindler, der dafür bekannt war, immer eine falsche Münze unter seine Zahlungen zu mischen.

Diese Falschmünzen waren nur eine Winzigkeit schwerer als echte Münzen.

„Könnte ich die Münzen bitte überprüfen?“, fragte Leonardo.

„Ja, aber beeilt Euch, ich habe nicht den ganzen Tag Zeit!“, erwiderte der Auftraggeber hinterhältig.

Leonardo holte eine Wage hervor. „Ich muss nur kurz zwei Messungen vornehmen.“

Was tat Leonardo dann?

Lösung auf Seite 212

Fehlende Teile

Das Gemälde unten ist *Das letzte Abendmahl.* Fünf Teile aus diesem Werk fehlen. Können Sie die nummerierten Teile den Symbolen im Bild zuordnen?

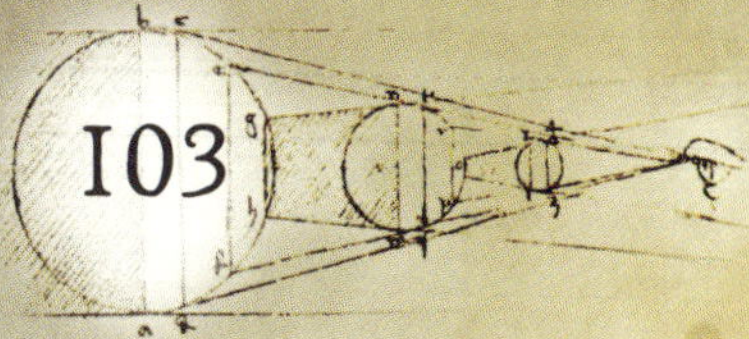

103

I

II

III

IV

V

Lösung auf Seite 212

104

Aus dem Nichts

„Eure Kriegsmaschinen sind ja ganz schön, Leonardo, doch was Florenz braucht, sind Männer“, sagte Medici.

„Vielleicht siegt Täuschung dort, wo die Zahlen uns im Stich lassen“, sinnierte Leonardo.

„Was meint Ihr?“

„Ich kann zwei Reihen von fünf Soldaten in fünf Reihen von vier Soldaten verwandeln.“

„Wollt Ihr sagen, Ihr könnt Männer aus dem Nichts hervorzaubern?“

„Leider nicht. Doch wenn Euren Feinden eine wahrheitsgetreue, wenn auch täuschende Auskunft über unsere Stärke zugespielt würde, könnte das ihnen zu denken geben.“

Wie wird Leonardo das bewerkstelligen?

Lösung auf Seite 213

105

Der rettende Strohhalm?

Die beiden Borgia-Söhne buhlten wieder einmal um die Gunst ihres Vaters. Rodrigo legte elf Strohhalme vor sie hin.

„Einen für jeden der treuen Jünger", sagte er hintersinnig.

„Ihr müsst abwechselnd entweder einen, zwei oder drei der Halme aufnehmen. Wer den letzten Strohhalm nimmt, wird meine Gunst *nicht* erhalten."

Er wies Cesare an, mit dem Spiel zu beginnen.

Wie viele Halme sollte er nehmen?

Lösung auf Seite 213

106

Dame

Ein Ausflug ins Gasthaus mit Leonardo war oft sehr unterhaltsam – und einträglich.

Noch bevor er sein erstes Bier geleert hatte, war Leonardo schon von Schaulustigen umgeben, die darauf brannten, eine Wette mit ihm einzugehen.

„Ich habe hier vier weiße und vier schwarze Damesteine. Kann jemand mit nur vier Zügen und zwei Fingern die Reihe so umgestalten, dass sich die Farben abwechseln?"

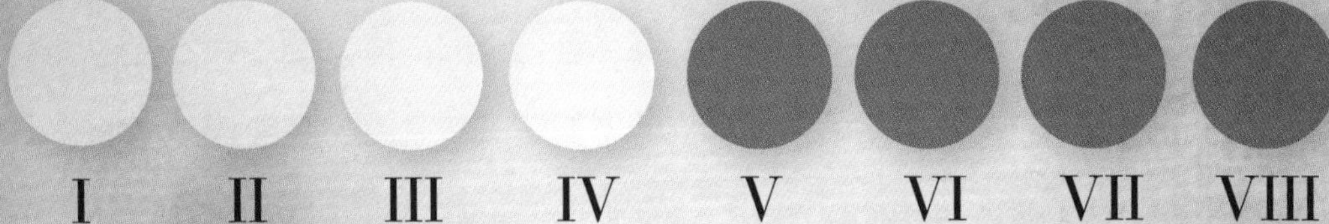

Lösung auf Seite 214

Leonardo-ku

Können Sie diese neun Symbole so in das Gitter eintragen, dass in jeder Zeile, jeder Spalte und jedem 3x3-Block jedes Symbol nur einmal enthalten ist?

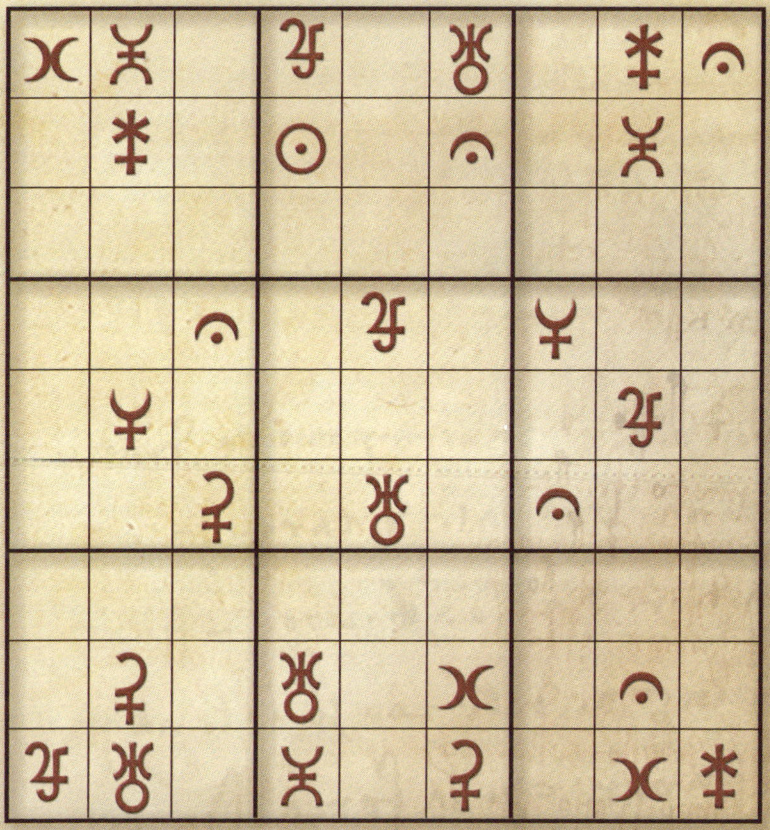

Lösung auf Seite 215

108

Karaffen

Später an jenem Abend im Gasthaus bildete Leonardo aus sechs Karaffen eine Reihe: Drei leere Karaffen folgten auf drei volle Karaffen.

„Ich wette, ich kann diese Reihe so umstellen, dass sich leere und volle Karaffen abwechseln – und zwar, indem ich nur eine einzige Karaffe berühre."

I II III IV V VI

Nun kam Bewegung in die angetrunkenen Gäste. Die Männer drängten sich um Leonardos Tisch, um eine Wette abzugeben. Salai hatte alle Hände voll zu tun, die Wetteinsätze entgegenzunehmen.

„Meine Güte, sind Florentiner leicht zu betrügen", hickste er verzückt.

Lösung auf Seite 216

109

Der Herold

Zwei Heere, anfangs 120 Furlongs voneinander entfernt, marschieren mit einer Geschwindigkeit von 10 Furlongs pro Stunde aufeinander zu.

Sobald sie sich in Bewegung setzen, wird ein Herold von einer Armee ausgesandt, um die andere zu treffen, kehrt dann zurück und bewegt sich so unentwegt mit 80 Furlongs pro Stunde zwischen den beiden Fronten hin und her.

Wie viele Furlongs hat er zurückgelegt, wenn die Heere aufeinandertreffen?

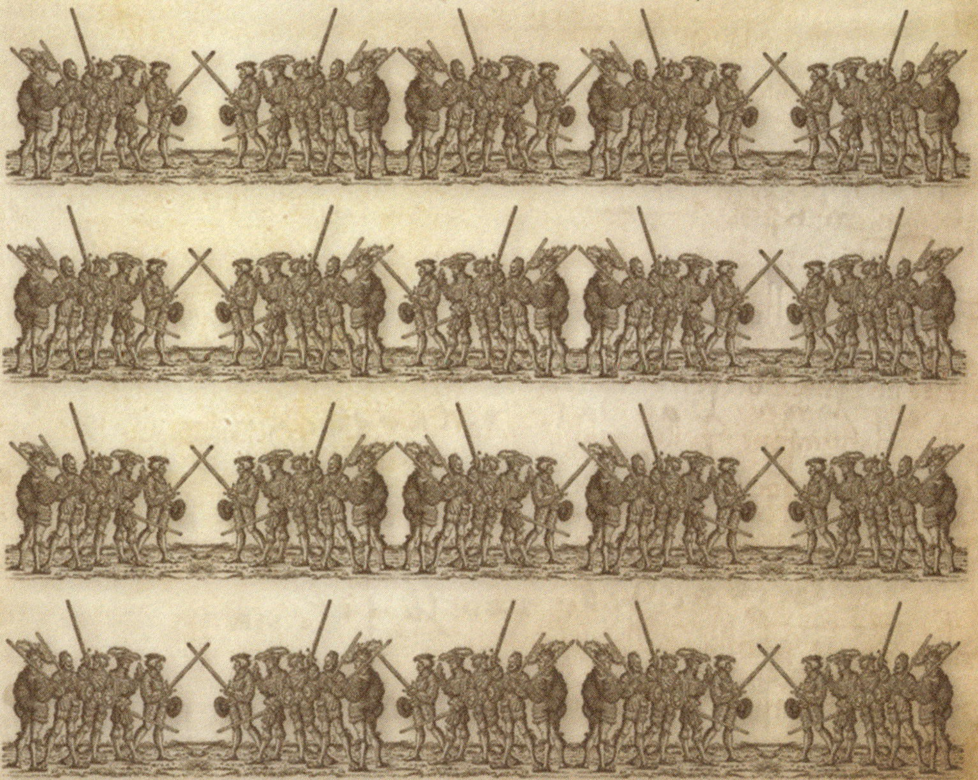

Lösung auf Seite 217

110

Zahlenschlachten

Ein Adeliger unternahm mit seinem Heer einen Feldzug. Nach jeder Schlacht führte er Buch über seine Verluste und fand heraus, dass er zehn Männer mehr als die Hälfte der Soldaten, die ihm zu Beginn der Schlacht zur Verfügung standen, verloren hatte.

Dies war bei allen fünf Schlachten des Feldzugs der Fall. Am Ende des Feldzugs hatte er alle seine Männer verloren.

Wie viele Soldaten waren zu Beginn des Feldzugs mit ihm in den Krieg gezogen?

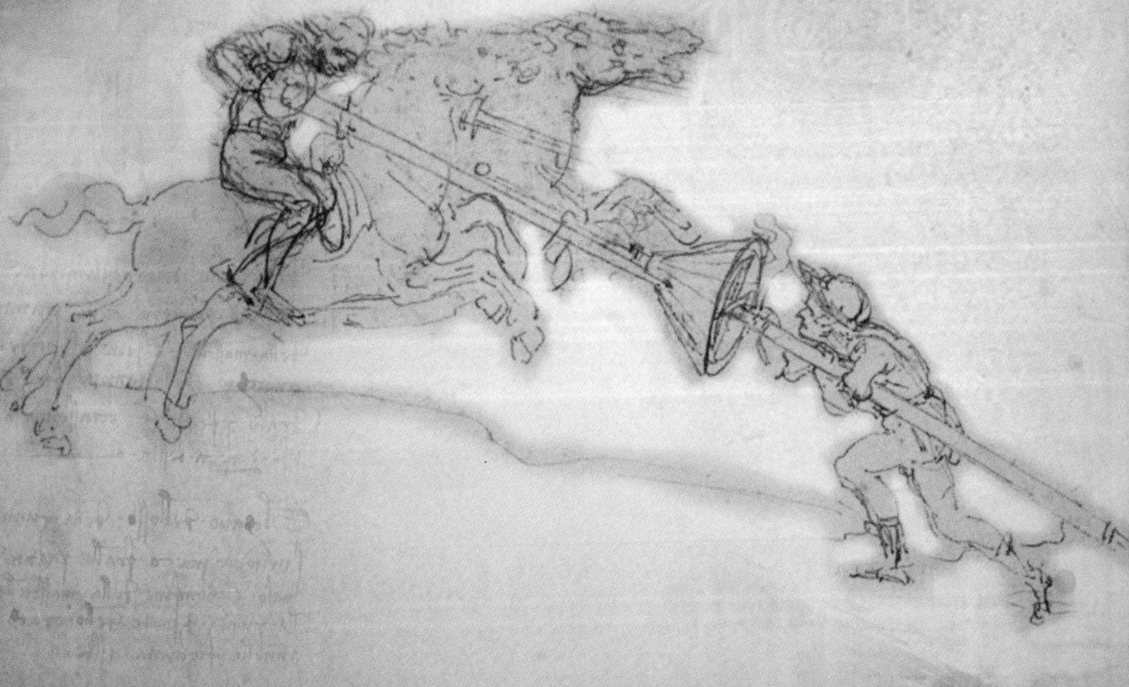

Lösung auf Seite 217

III

Ländereien

Vier Kardinäle zankten sich um ein Stück Land. Schließlich wandten sie sich zur Schlichtung des Streits an den Papst.

Jeder Kardinal verlangte, dass sein Anteil dieselbe Größe und Form haben solle wie die Anteile der anderen drei.

Wie sollte der Papst das Land aufteilen?

Lösung auf Seite 218

Die Schatztruhe

Leonardos geheimste Entdeckungen lagen in einer Truhe, die hinter einem merkwürdigen Doppelporträt verborgen war. Es bestand aus 16 Kacheln, welche in einem raffinierten Mechanismus miteinander verbunden waren.

Wird einer der an den Kacheln angebrachten Hebel gezogen, drehen sich alle Kacheln der entsprechenden Spalte oder Reihe um, sodass der entsprechende Ausschnitt des rückseitigen Porträts sichtbar wird.

Die Hebel sind wie angezeigt mit Buchstaben versehen. Betätigt man die falsche Kombination von Hebeln, wird eine Ladung Schießpulver zur Explosion gebracht – und zerstört alle Geheimnisse sowie möglicherweise den Schatzsucher.

Was denken Sie: Welche ist die wahrscheinlichste Kombination?

R

A

O

L

Lösung auf Seite 219

S N D I

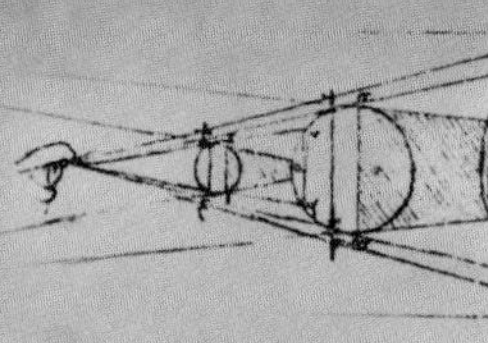

114

Ketzerei

„Ihr habt die Folgen für eure Sünde zu tragen; das müsst ihr wissen. Ihr werdet eurer Sünde innewerden, wenn sie euch finden wird. Numeri 32:23“, intonierte der Inquisitor bedrohlich.

Leonardo schwieg. Der Inquisitor hielt ihm einen Beutel aus schwarzem Tuch hin. „Da schleuderte der Engel seine Sichel auf die Erde, erntete den Weinstock der Erde ab und warf die Trauben in die große Kelter des Zornes Gottes. Offenbarung 14:19.“

„In diesem Beutel befinden sich zwei Trauben, eine weiße und eine rote. Zieht Ihr die weiße Traube, so hat der Herr Euch für unschuldig erachtet. Zieht Ihr die schwarze, werdet Ihr als Ketzer brennen.“

Das bösartige Funkeln in den Augen des Inquisitors bestätigte Leonardos Verdacht, dass beide Trauben rot waren.

Doch man bezichtige einen Inquisitor nicht der Lüge.

Also griff Leonardo in den Beutel und murmelte: „Matthäus 15:11.“

Wie kann Leonardo verhindern, auf dem Scheiterhaufen zu landen?

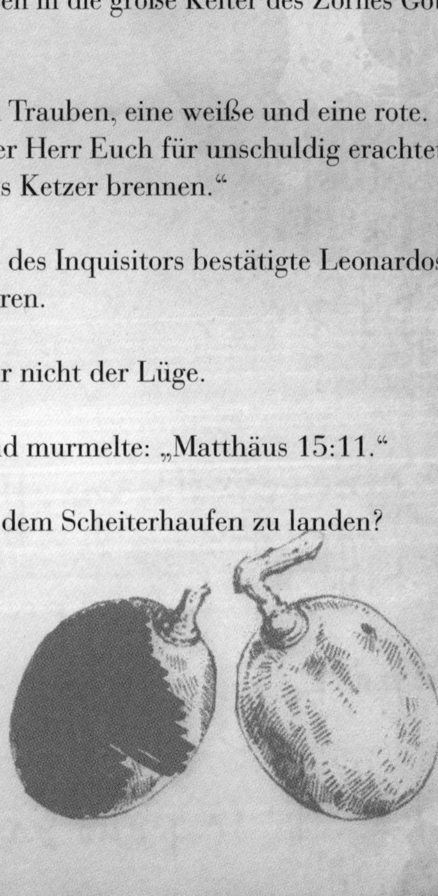

Lösung auf Seite 220

115

Spione

Cesare Borgia hatte drei Spione entsandt, um festzustellen, wie viele heimliche Anhänger des französischen Königs in der Umgebung lebten.

„Es gibt 50 oder noch mehr“, sagte der erste Spion.

„Wenn ich dem widersprechen darf, Eure Hoheit“, warf der zweite ein, „es sind unter 50.“

Der dritte Spion schüttelte den Kopf. „Es gibt zumindest einen.“

Angenommen, nur einer der drei Spione sagt die Wahrheit:
Mit wie vielen Anhängern der französischen Krone muss sich Borgia dann herumschlagen?

Lösung auf Seite 220

116

Fehlende Teile

Das Gemälde auf der gegenüberliegenden Seite braucht wohl nicht extra vorgestellt zu werden. Sechs Teile aus diesem Werk fehlen. Können Sie die nummerierten Teile unten den Symbolen im Bild zuordnen?

I

II

III

IV

V

VI

Lösung auf Seite 221

118

Selbsterfüllende Prophezeiung

Können Sie die Lücken korrekt mit einstelligen Zahlen befüllen?

Die Ziffer 1 kommt … -mal vor

Die Ziffer 2 kommt … -mal vor

Die Ziffer 3 kommt … -mal vor

Die Ziffer 4 kommt … -mal vor

Die Ziffer 5 kommt … -mal vor

Lösung auf Seite 222

Tausend Tage der Sünde

Ein Mönch erschien in der Stadt und verkündete eine neue Irrlehre.

Am ersten Tag kam noch niemand, um ihm zuzuhören.

Am zweiten Tag kam nur ein einziger Zuhörer, doch der Mönch zog ihn sofort in seinen Bann. Am dritten Tag kamen zwei weitere Mitglieder zur Gemeinde hinzu, am vierten Tag drei weitere Mitglieder und so ging es in einem fort ...

Wie viele Ketzer befanden sich nach 1000 Tagen in der Stadt?

Sie werden sehen, dass man manche Probleme am besten von beiden Enden her gleichzeitig angeht.

Lösung auf Seite 222

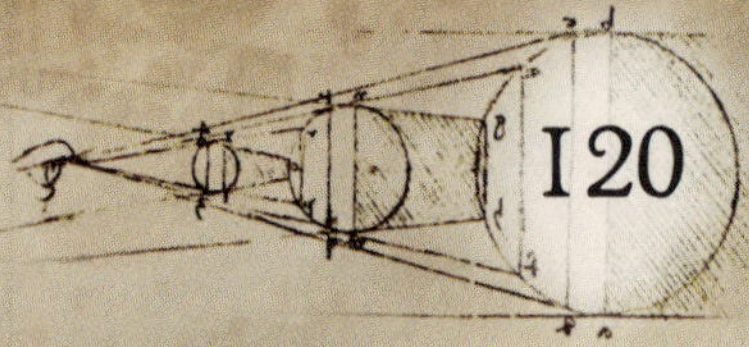

120

Leonardo-ku

Können Sie diese neun Symbole so in das Gitter eintragen, dass in jeder Zeile, jeder Spalte und jedem 3x3-Block jedes Symbol nur einmal enthalten ist?

Lösung auf Seite 223

121

Der Geldkreislauf

Nehmen Sie zwei Münzen gleicher Größe und legen Sie sie nebeneinander, sodass sie sich berühren. Halten Sie die eine Münze fest und drehen Sie die zweite um die Außenseite der ersten, ohne sie abrutschen zu lassen.

Was denken Sie, wie viele Umdrehungen die zweite Münze machen muss, bevor sie wieder an ihrem Startpunkt ist?

Lösung auf Seite 224

122

Die Wachstube

Die Hauptstädte (Sinistra und Destra) zweier verfeindeter Reiche waren durch einen Fluss voneinander getrennt. Der einzige Weg über den Fluss führte über eine Brücke, aber nach den letzten kriegerischen Auseinandersetzungen hatten sich die Herrscher darauf geeinigt, dass niemand die Brücke nutzen sollte, um von einem Reich zum anderen zu gelangen.

In der Mitte der Brücke stand ein Wachturm. Er war mit einem einzigen Wächter besetzt, der die Einhaltung des Dekrets durchsetzen sollte. Dieser hatte den Befehl, alle sechs Minuten aus seinem Turm zu treten und jeden, der sich auf der Brücke befand, zurück in sein Reich zu schicken. Sollte jemand dumm genug sein, dem Befehl keine Folge zu leisten, so sollte der Wächter von seiner Armbrust Gebrauch machen.

Die Brücke konnte nur zu Fuß überquert werden und es dauerte volle zwölf Minuten, hinüberzugelangen.

Dennoch musste Leonardo dringend von Sinistra nach Destra.

Wie konnte sein Scharfsinn ihn über die Brücke bringen?

Lösung auf Seite 224

Goldene Gelegenheit

Verstehst Du etwas von Wahrscheinlichkeit, mein Freund?“

„Natürlich“, antwortete Salai. „Ich bin nicht mehr das ahnungslose Kind, das Ihr in Eure Werkstatt aufgenommen habt. Ich weiß, dass wenn ich eine Münze werfe, die Wahrscheinlichkeit, dass der Kopf oben liegt, eins zu zwei ist. Wenn ich würfle, ist die Wahrscheinlichkeit, dass eine bestimmte Zahl herauskommt, eins zu sechs.“

„So ist es“, sagte Leonardo mit dem geheimnisvollen Lächeln, das Salai nur zu gut kannte. „Gib acht. Hier habe ich einen Beutel mit vier Münzen – eine ist aus Kupfer, eine aus Silber und zwei aus Gold.

Wenn ich zwei Münzen aus dem Beutel ziehe und verrate, dass eine davon aus Gold ist, wie hoch ist die Wahrscheinlichkeit, dass es sich auch bei der anderen Münze um eine goldene handelt?“

Lösung auf Seite 225

124

Geldbeutel

„Gib acht, jetzt habe ich zwei Beutel voll Münzen“, sagte Leonardo.
Salai kicherte. „Meister, die Mehrzahl der Leute gibt ihre Münzen aus oder verlegt sich aufs Geldverleihen. Ihr seid der einzige Mensch, den ich kenne, der sie zum Denksport nutzt.“

„Pass auf, kleiner Lausbub“, sagte Leonardo, obwohl sein Schüler inzwischen weder besonders klein, noch besonders lausbubenhaft war. „In jedem Beutel sind drei Gold-, drei Silber- und drei Kupfermünzen.

Ohne hinzusehen, entnehme ich so viele Münzen aus dem ersten Beutel, wie ich kann, wenn ich zugleich sicherstellen will, dass von jeder Sorte mindestens eine Münze im Beutel verbleibt. Die Münzen, die ich aus dem ersten Beutel genommen habe, lege ich dann in den zweiten Beutel.

Wieder ohne hinzusehen, gebe ich die kleinste Anzahl von Münzen aus dem zweiten Beutel in den ersten Beutel, die notwendig ist, um sicherzustellen, dass von jeder Sorte Münzen wenigstens zwei Stück im ersten Beutel sind.

Sag mir: Wie viele Münzen verbleiben im zweiten Beutel?“

Lösung auf Seite 226

Irren ist menschlich

Es wird davon ausgegangen, dass Leonardo absichtlich Fehler in seine Notizen und Skizzen einbaute, damit seine Ideen nicht gestohlen werden konnten.

Schauen Sie sich die unten stehende Zahlenfolge an. Was stimmt daran nicht?

0 → 1 → 1 → 2 →

3 → 5 → 8 → 13 →

22 → 34 → 55 → 89 →

144

Lösung auf Seite 226

Fehlende Teile

Das Gemälde auf der gegenüberliegenden Seite ist die *Dame mit dem Hermelin.* Sechs Teile aus diesem Werk fehlen. Können Sie die nummerierten Teile unten den Symbolen im Bild zuordnen?

I

II

III

IV

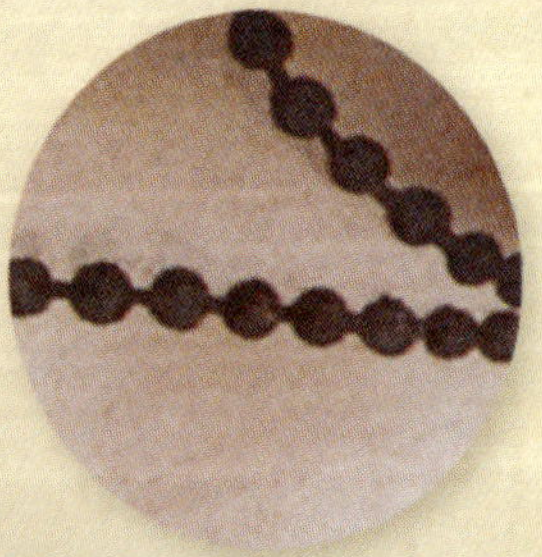

V

VI

Lösung auf Seite 227

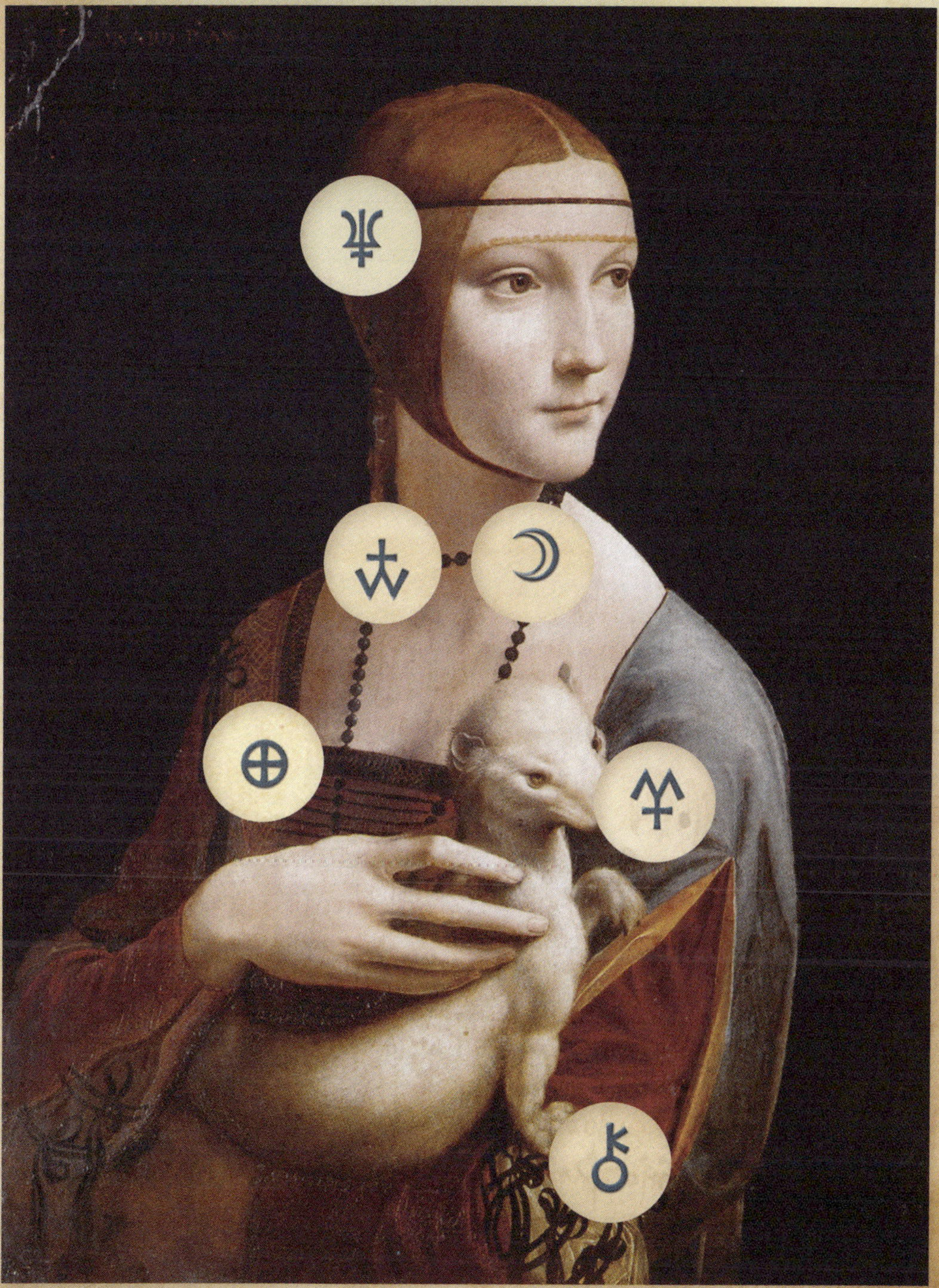

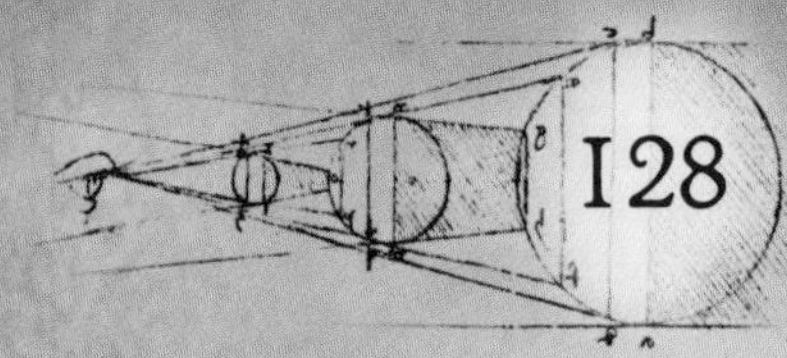

Gegengewichte

Leonardo hatte einen neuen Apparat zum Schutz seines persönlichen Arbeitszimmers ersonnen: eine Waage mit drei Drehpunkten.

Waren die Gewichte richtig verteilt, befand sich der gesamte Mechanismus im Gleichgewicht und die Innentür öffnete sich; anderenfalls fanden sich Eindringlinge in einer Falle wieder.

Die Gewichte waren nicht gekennzeichnet, Leonardo und seine Vertrauten mussten sich also merken, dass die acht Gewichte so verteilt waren:

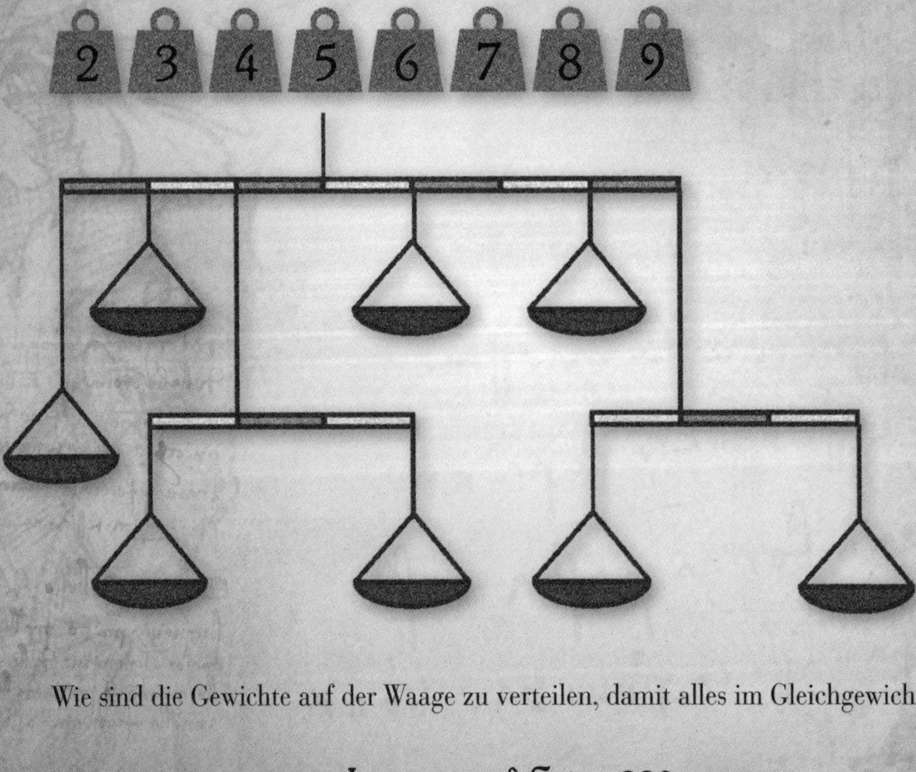

Wie sind die Gewichte auf der Waage zu verteilen, damit alles im Gleichgewicht ist?

Lösung auf Seite 228

Geheime Konten

Die Buchführungskonten der Medici waren in Geheimschrift verfasst, doch für Leonardo war es ein Leichtes, sie zu entschlüsseln.

Aus der Rechnung unten schloss er, dass die Symbole für die Zahlen 1 bis 4 stehen mussten.

Können Sie mit diesem Hinweis den Wert jedes Symbols bestimmen?

Lösung auf Seite 228

Hoheitsgebiete

Der Herzog brütete stundenlang über einer Karte seines Herrschaftsgebiets. Schließlich rief er Leonardo zu sich.

„Dies ist schwierig“, sagte der Herzog. „Es ist von größter Bedeutung, dass kein Berufsstand in einer Region oder benachbarten Gebieten zu einflussreich wird.“

Können Sie die folgenden sechs Symbole so verteilen, dass jedes Symbol nur einmal in jeder farbig gekennzeichneten Region, in jeder Spalte und jeder Reihe vorkommt?

Adelige

Kaufleute

Gelehrte

Kleriker

Juristen

Handwerker

Lösung auf Seite 229

Zahlenturm

Versehen Sie jeden Klotz mit einer Zahl, sodass die Summe aus zwei benachbarten Klötzen immer die Zahl in dem Klotz über ihnen ergibt.

97

[ ] [ ]

[ ] [ ] 19

[ ] 15 [ ] 7

[ ] 7 [ ] [ ] [ ]

Lösung auf Seite 230

„Blinde Ignoranz führt uns in die Irre. Ihr erbärmlichen Sterblichen, öffnet eure Augen!“

Leonardo da Vinci

Rätsel für Meister

Obwohl nur wenige seiner Gemälde erhalten sind, fasziniert Leonardos Erbe bis heute.

Er bleibt uns als meisterhafter Maler, Bildhauer und Erfinder im Gedächtnis. Doch all seine Talente haben eine gemeinsame Quelle: eine unstillbare Neugier und die Liebe zum Rätseln.

Eine Begebenheit aus Leonardos Kindheit illustriert dies am besten: Bei einem Ausflug in die Berge entdeckte Leonardo eine dunkle Höhle. Seine Fantasie beschwor sofort grauenhafte Fabelwesen herauf, die in den Tiefen der Höhle auf ihn lauern mochten. Doch seine Neugier, zu entdecken, was sich in der Höhle befand, war stärker als seine Furcht.

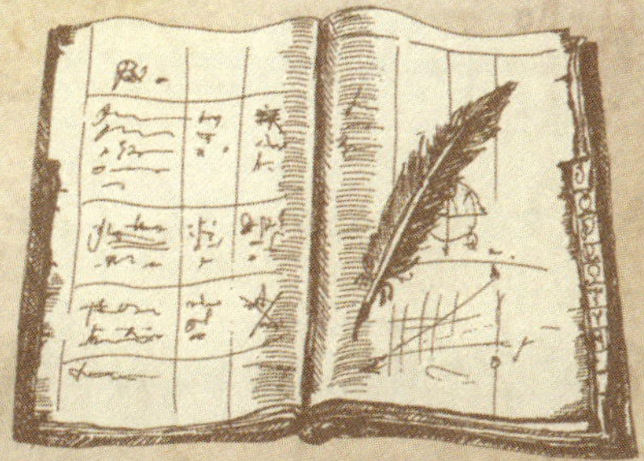

Vielfältig

Salai war gerade dabei, ein Stück Pergament zu falten, die Rechnung an einen Kunden.

„Sag mir, Salai: Wenn man dieses Pergament dreißigmal falten könnte, würde es dann noch Platz in diesem Raum finden?“

Salai blinzelte verwirrt. Die Frage schien blanker Unsinn zu sein.

Lösung auf Seite 232

135

Ein Paradox

Stell dir vor, du trittst in einem Wettrennen gegen eine Schildkröte an", sagte Leonardo.

Salai lachte. „Gegen eine Schildkröte, Meister?"

„Genau. Geben wir ihr einen Vorsprung von 1000 Piedi, damit es gerecht zugeht.

Wir nehmen an, dass du 10-mal schneller läufst als die Schildkröte. Sagen wir einfach, sie ist ein recht flinkes Exemplar ihrer Gattung.

Das Rennen beginnt. Wenn du 1000 Piedi gelaufen bist, wird die Schildkröte dir 100 Piedi voraus sein. Wenn du die nächsten 100 Piedi zurückgelegt hast, wird die Schildkröte 10 Piedi in Führung sein.

So, kleiner Lausbub. Wirst du die Schildkröte jemals einholen?"

Lösung auf Seite 232

136

Ein Code für Leonardo

Leonardo erhielt ein mysteriöses aufgerolltes Stück Papier, auf dem Folgendes stand:

Jesaja 24:16 Cora sage Bier

Eine geheimnisvolle Nachricht – wie könnten Sie es anfangen, ihre Bedeutung zu entschlüsseln?

Lösung auf Seite 233

137

Leonardo-ku

Können Sie diese neun Symbole so in das Gitter eintragen, dass in jeder Zeile, jeder Spalte und jedem 3x3-Block jedes Symbol nur einmal enthalten ist?

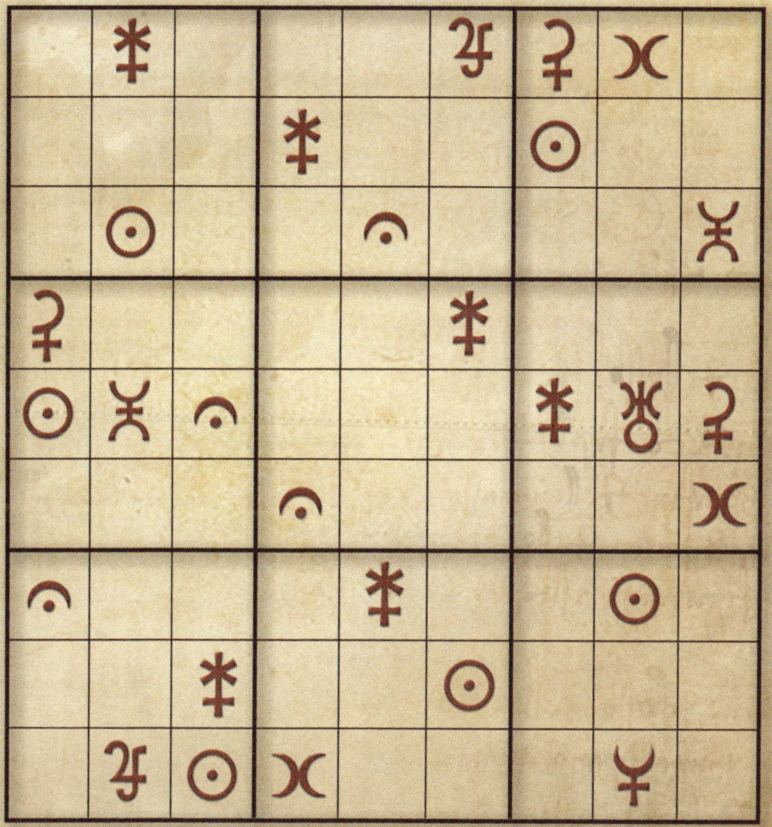

Lösung auf Seite 233

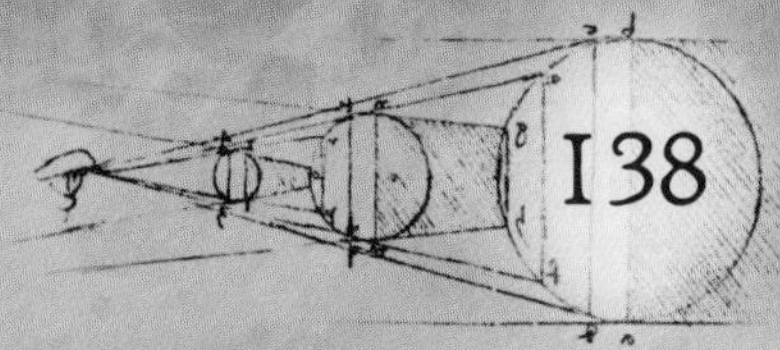

138

Die zweite Nachricht

Eine zweite Nachricht kam in Leonardos Werkstatt an. Sie war ebenso geheimnisvoll wie die erste.

Exodus 25:3 Sofa zuvor Dolci

Lösung auf Seite 234

Goldstücke

Lorenzo de' Medici belohnte seine getreuen Feldherren gerne mit Goldmünzen. Heute wollte er neun Befehlshabern eine Anerkennung zukommen lassen; 44 Florentiner Gulden aus der Kasse standen dafür zur Verfügung

Um den Wetteifer der Feldherren zu befördern, wollte Medici jedem von ihnen einen anderen Betrag zuerkennen. War dies möglich?

Lösung auf Seite 234

140

Fehlende Teile

Das Gemälde auf der gegenüberliegenden Seite ist die *Madonna mit Kind, der heiligen Anna und dem Johannesknaben.* Fünf Teile aus diesem Werk fehlen. Können Sie die nummerierten Teile den Symbolen im Bild zuordnen?

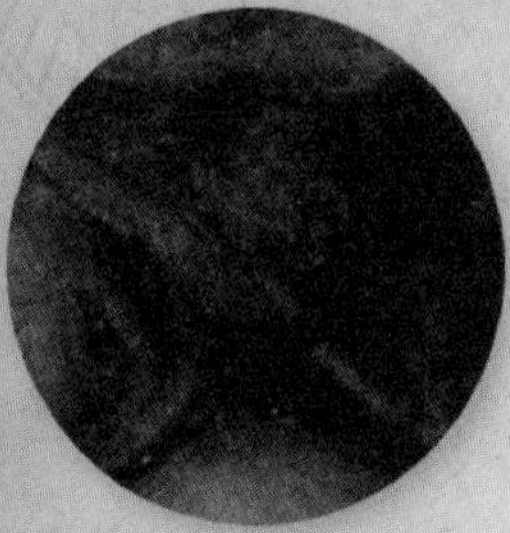

I

II

III

IV

V

Lösung auf Seite 235

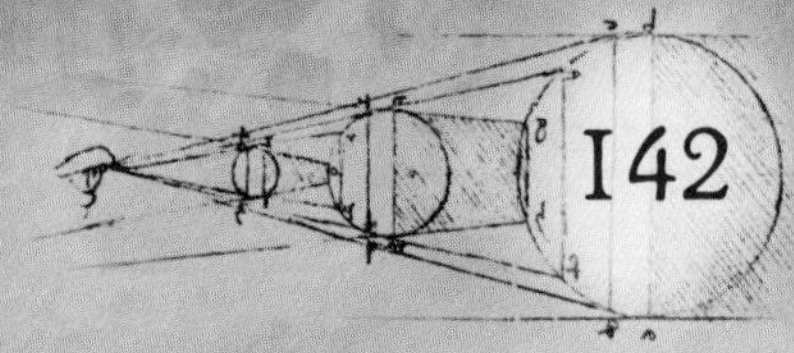

142

Der Urheber kommt ans Licht

Die dritte Nachricht brachte Leonardo zum Lächeln.

„Ich denke, ich weiß nun, wer diese verschlüsselten Botschaften geschickt hat“, sagte er.

Sprüche 5:13
Ich verlor Code

Lösung auf Seite 236

Vielecke

Leonardo stellt seinen neuen Schülern eine Aufgabe:

„Zeichnet in die Mitte Eures Pergaments einen Kreis mit einem Radius von einem Zoll. Dann zeichnet um den Kreis herum ein gleichseitiges Dreieck, das an dem Kreis anliegt. Als nächstes zeichnet ihr einen weiteren Kreis um die Ecken des Dreiecks. Nun zeichnet ihr ein Quadrat um den zweiten Kreis. Dann einen dritten Kreis, drum herum ein regelmäßiges Fünfeck. Fahrt auf diese Weise fort und erhöht dabei die Zahl der Seiten des regelmäßigen Vielecks jedes Mal um eins.

Wenn ihr diesen Vorgang wiederholen und immer neue Kreise und Vielecke zeichnen würdet, wie groß müsste das Pergament ungefähr sein, das ihr dafür braucht?“

Lösung auf Seite 236

144

Vitruvianische Menschen

Die Skizzen unten bilden identische Paare – außer einer: Sie gehört zu einer Dreiergruppe. Welche ist es?

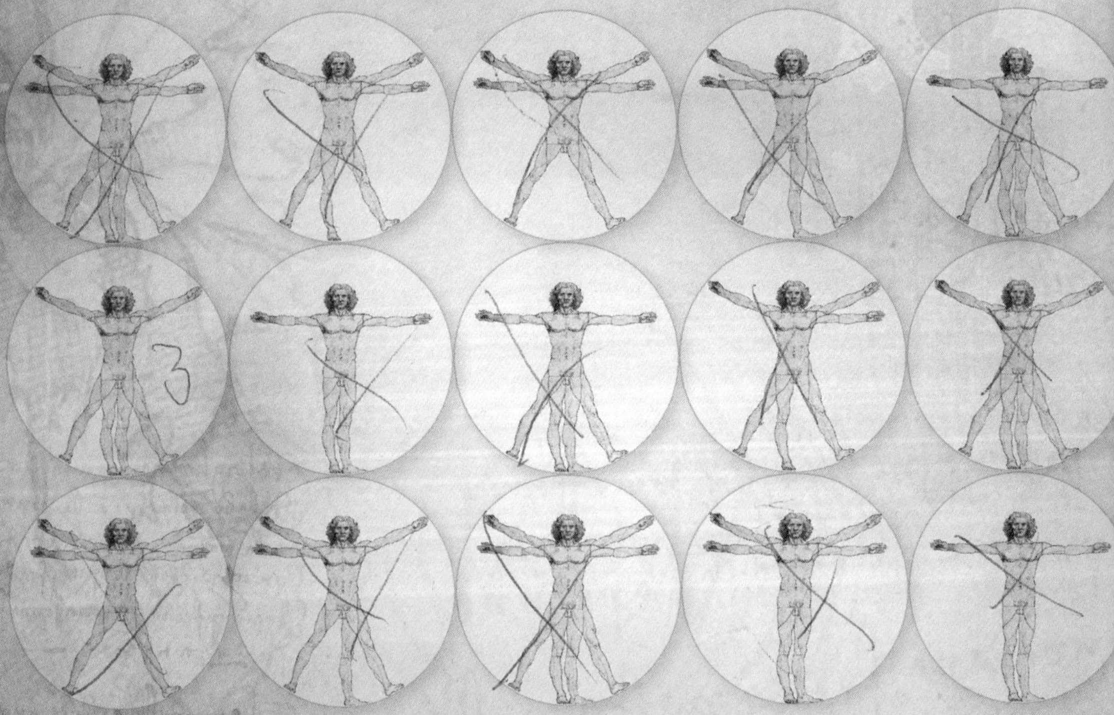

Lösung auf Seite 237

145

Fünfecke

Wofür stehen die einzelnen Symbole?

Lösung auf Seite 238

146

Geteilte Ländereien

Rodrigo Borgia teilte einige Ländereien zwischen seinen in ständigem Wettstreit stehenden Kindern Giovanni, Cesare, Lucrezia und Gioffre auf.

Jedes Kind verlangte, dass sein Anteil dieselbe Größe und Form habe wie die Anteile der anderen drei und eine Kirche, eine Burg, eine Mühle und eine Stadt enthalte.

Lösung auf Seite 239

Leonardo-ku

Können Sie diese neun Symbole so in das Gitter eintragen, dass in jeder Zeile, jeder Spalte und jedem 3x3-Block jedes Symbol nur einmal enthalten ist?

Lösung auf Seite 240

148

Noch mehr geteilte Ländereien

Dem armen Rodrigo Borgia lagen schon wieder seine vier habgierigen Kinder in den Ohren. Er sollte jedem von ihnen ein Stück Land von gleicher Größe und Form zuteilen, und jedes Landstück sollte, damit es auch ja gerecht zuging, Eisenvorkommen, Getreidefelder, Viehherden und Weinberge enthalten.

Lösung auf Seite 241

Tödliche Logik

Die Borgia setzten alle verfügbaren Mittel ein, um Rivalen außer Gefecht zu setzen oder aus dem Weg zu schaffen. Finden Sie mithilfe des Gitters und der Hinweise heraus, wer wem was angetan hat – und warum?

	Macht	*Geld*	*Rache*	*Kardinal*	*Botschafter*	*Adeliger*	*Erpressung*	*Mord*	*Verführung*
Cesare									
Lucrezia									
Giovanni									
Erpressung									
Mord									
Verführung									
Kardinal									
Botschafter									
Adeliger									

Hinweise

Lucrezia Borgia verführte ihr Opfer, doch nicht aus Rache.

Giovanni wurde von Machthunger angetrieben, doch er tötete (dieses Mal) zur Erreichung seines Ziels nicht und sein Opfer war kein Kardinal.

Der französische Botschafter hatte die Borgia beleidigt und wurde so zum Ziel von Rachegelüsten.

Lösung auf Seite 242

150

Hoheitsgebiete

Ihr habt mir gute Dienste geleistet, als es darum ging, das Königreich unter allen Gilden und Berufsständen aufzuteilen", sagte der Herzog. „Helft mir nun, dies auch bei unseren neu eroberten Gebieten zu tun."

Können Sie die folgenden sechs Symbole so verteilen, dass jedes Symbol nur einmal in jeder farbig gekennzeichneten Region, jeder Spalte und jeder Reihe vorkommt?

Lösung auf Seite 243

151

Ein Stück Kuchen

„Wenn sich zwei einen Kuchen teilen, ist es bei uns üblich, dass einer den Kuchen in zwei Stücke unterteilt und der andere sein Stück wählt. So kann man sich darauf verlassen, dass beide Stücke genau gleich groß sind“, erklärte Lorenzo de' Medici, Leonardos momentaner Mäzen.

„Doch heute Abend speise ich mit drei edlen Gästen. Wisst Ihr einen Weg, wie ich unseren Brauch so anpassen kann, dass alle drei ein Stück derselben Größe erhalten?“

Lösung auf Seite 244

152

Fehlende Teile

Das Gemälde auf der gegenüberliegenden Seite ist die *Dame mit dem Perlennetz.* Fünf Teile aus diesem Werk fehlen. Können Sie die nummerierten Teile unten den Symbolen im Bild zuordnen?

I

V

II

IV

III

Lösung auf Seite 244

154

Unnatürliche Verhältnisse

Das ist wider die Natur und gottlos!“, kreischte der Kardinal.

„Beruhigt Euch“, sagte Papst Alexander, „und schildert, was vor sich geht.“

„Es geht das Gerücht, in Florenz gebe es zwei Priester, die auf unnatürliche Art verwandt sind.“

Der Papst spitzte die Lippen. „Wie genau?“

„Pater Alberto ist sowohl der Onkel als auch der Neffe von Pater Benedikt. Umgekehrt nennt Alberto Benedikt sowohl „Onkel“ als auch „Neffe“.

„Das ist tatsächlich unnatürlich“, sagte der Papst. „Ist es denn überhaupt möglich?“

Lösung auf Seite 245

155

Der Himmel öffnet sich

Fünf Priester befanden sich auf dem Weg in die Kirche, als sie von einem Wolkenbruch überrascht wurden. Vier von ihnen rannten, um sich unterzustellen, und wurden dennoch nass bis auf die Knochen. Der fünfte hingegen bewegte sich nicht und blieb doch gänzlich trocken.

Wie war das möglich?

Lösung auf Seite 245

156

Das Auftragsbuch

Leonardo konnte sich vor Aufträgen nicht mehr retten, und Salai musste das Auftragsbuch führen. Wer ist der Kunde, welches Motiv soll dargestellt werden, in welcher Form und wie hoch ist der angebotene Preis?

	500 Gulden	*750 Gulden*	*1000 Gulden*	*Ein Pferd*	*Er selbst*	*Die Madonna*	*Ölgemälde*	*Fresko*	*Skulptur*
Sforza									
Borgia									
Medici									
Ölgemälde									
Fresko									
Skulptur									
Ein Pferd									
Er selbst									
Die Madonna									

Hinweise

Die Madonna sollte als Skulptur geschaffen werden; der Auftraggeber war nicht Borgia.

Sforza bot 500 Florentiner Gulden, doch nicht für ein Porträt seiner selbst.

Das Porträt des Auftraggebers wurde zu einem Preis in Auftrag gegeben, der unter dem Angebot Medicis lag, aber höher war als der Preis des Ölgemäldes.

Lösung auf Seite 246

Wegmarke

Ein Reiter befand sich auf dem Weg nach Rom. Schließlich passierte er eine steinerne Wegmarke mit der Inschrift:

Die nächste Wegmarke gab **89 Meilen** an, die folgende **83**, dann **79**, dann **73**.

Wie viele Wegmarken wird der Reiter vor seiner Ankunft in Rom noch passieren müssen, wenn er die 19-Meilen-Marke erreicht hat?

Lösung auf Seite 247

Zahlenmagie

Sechs aufeinanderfolgende Zahlen können so auf die Felder dieses Quadrats verteilt werden, dass die Reihen, Spalten und langen Diagonalen jeweils dieselbe Summe ergeben.

		14
	11	
8		

Lösung auf Seite 247

Leonardo-ku

Können Sie diese neun Symbole so in das Gitter eintragen, dass in jeder Zeile, jeder Spalte und jedem 3x3-Block jedes Symbol nur einmal enthalten ist?

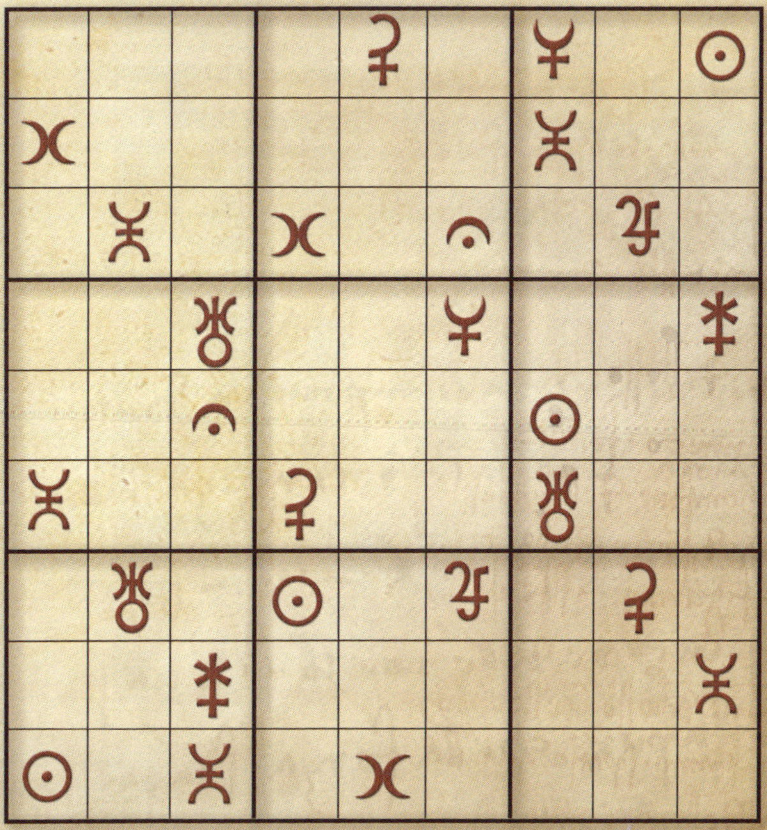

Lösung auf Seite 248

160

Die Summe der Künste

Können Sie den Wert jedes Gemäldes bestimmen und herausfinden, welche Zahl an der Stelle des Fragezeichens stehen sollte?

22 / 25 / ? / 25

24 18 26 29

Lösung auf Seite 249

Logikquadrate

Finden Sie heraus, in welcher Beziehung die Zahlen innerhalb eines Quadrats zueinander stehen. Dann können Sie die fehlende Zahl bestimmen.

13		6
	209	
8		3

7		9
	272	
5		12

11		3
	?	
2		14

Lösung auf Seite 249

Kunstschätzung

Wir haben der Renaissance viele Künstler zu verdanken, die durch ihre Werke unsterblich wurden. Für unsere Kultur sind sie von unschätzbarer Bedeutung.

Obwohl …

… Michelangelo ist 25 wert, Botticelli und Donatello sind beide 16 wert. Was ist der Wert da Vincis?

Lösung auf Seite 250

Nach der Schlacht

Nach einem Gefecht mit den Truppen des Papstes machten sich die Soldaten der Medici an eine Bestandsaufnahme ihrer Verletzungen.

Von den 131 Soldaten der Medici waren 112 verletzt. 46 davon musste ein Arm, 16 ein Bein amputiert werden. 10 litten an unheilbaren Infektionen. Die Amputierten und die an einer tödlichen Infektion Leidenden würden nie mehr kämpfen können. Der Rest wäre eines Tages wieder einsatzbereit.

Was ist die maximale Anzahl an Verletzten, die sich von ihren Verletzungen erholen werden?

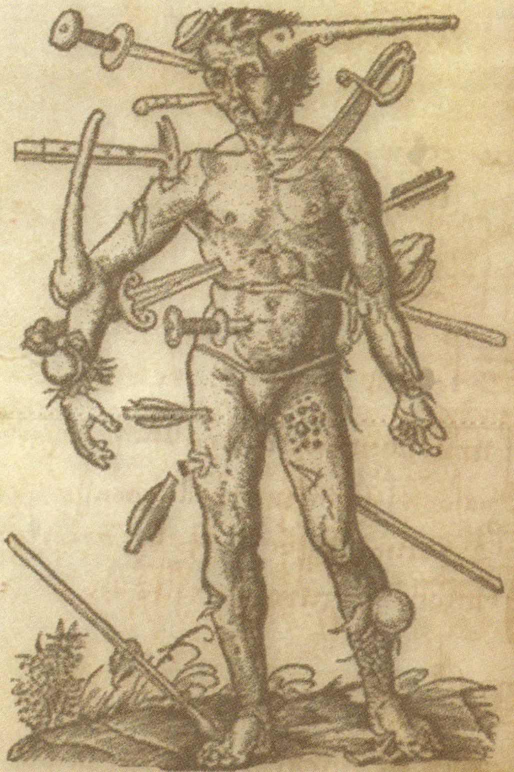

Lösung auf Seite 250

Fehlende Teile

Das Gemälde auf der gegenüberliegenden Seite ist *La Belle Ferronnière.* Fünf Teile aus diesem Werk fehlen. Können Sie die nummerierten Teile unten den Symbolen im Bild zuordnen?

I

II

III

IV

V

Lösung auf Seite 251

166

Ein revolutionäres Schloss

Ein Schließmechanismus besteht aus vier Zahnrädern zunehmender Größe (8 Zähne, 9 Zähne, 10 Zähne und 18 Zähne).

Damit sich das Schloss öffnet, müssen alle Pfeile nach oben weisen. Wie viele Umdrehungen muss das kleinste Zahnrad zurücklegen, bis das der Fall ist?

Lösung auf Seite 252

167

Die Summe der Künste

Können Sie den Wert jedes Gemäldes bestimmen und herausfinden, welche Zahl an der Stelle des Fragezeichens stehen sollte?

32

?

32

12

32 12 26 61

Lösung auf Seite 252

168

Gegengewichte

Der Herzog von Mailand hatte von Leonardos waagenbasiertem Schließmechanismus gehört. Nun wollte er etwas Ähnliches für seine Schatzkammer. Folgende Gewichte kamen zum Einsatz:

Wie sind die Gewichte auf der Waage zu verteilen, damit sich alles im Gleichgewicht befindet?

Lösung auf Seite 253

Erkenntnis

Leonardos Apparate wurden immer raffinierter. Dieses System von Zahnrändern schmückte eine Wand seiner Werkstatt und forderte mechanisch begabte Besucher dazu heraus, an der Kurbel zu drehen.

Hebt oder senkt sich der Korb, wenn die Kurbel entgegen dem Uhrzeigersinn gedreht wird?

Lösung auf Seite 253

170

Florentiner verlustieren sich

In Florenz war Jahrmarkt. Zahlreiche Geschicklichkeits- und Glücksspiele zogen leichtgläubigen Florentinern das Geld aus der Tasche.

Leonardo erspähte eine hübsche junge Dame an der „Roll-einen-Gulden“-Bude. Ziel des Spiels war es, eine Münze mit einem Durchmesser von 1 cm so auf einen Tisch zu rollen, dass sie mittig in einem der 2 x 2 cm großen Quadrate zu liegen kam, die durch aufgemalte Gitter gebildet wurden.

Leonardo spitzte die Lippen und fragte den Budenbesitzer: „Was gewinnt die Dame denn, wenn die Münze mittig zu liegen kommt?“

„Sie gewinnt einen Gulden und bekommt außerdem ihren eigenen Gulden zurück, mein Herr“, lautete die Antwort.

„Verehrte Dame“, sagte Leonardo, „ich würde Euch raten, Euch entweder an einem anderen Spiel zu versuchen oder bei diesem höhere Gewinne zu fordern.“ Warum?

Lösung auf Seite 254

Die Schmiede

Leonardo suchte einen ansässigen Hufschmied auf und fragte:

„Wie viel kosten fünf?"

„Das wären zwei Gulden, Herr."

„Und wie viel für neun?"

„Drei Gulden."

„Zwölf?"

„Vier Gulden."

Was wollte Leonardo wohl erstehen?

Lösung auf Seite 255

Lösungen

Rätsel für Neulinge

Seite

12 Die Summe der Künste

? = 6

13 Ein Streit

Salai hängte seine Kappe an die Spitze des Bolzens, bevor er schoss.

14 Erkenntnis

Er muss die Kurbel gegen den Uhrzeigersinn drehen.

15 Mustererkennung

Alle Zeilen und Spalten enthalten je:
- ein Quadrat, einen Kreis und ein Dreieck.
- eine grüne, eine orangefarbene und eine gelbe Fläche.
- die Symbole für Sonne ʘ, Venus ♀ und Mars ♂.

Das fehlende Zeichen muss also ein grüner Kreis mit Venussymbol sein.

Seite

16–17 # Fehlende Teile

I	II	III	IV	V
♆	⊕	♅	☽	⚷

Seite

18 Ein dunkler Traum

Der Wächter wurde wegen Pflichtversäumnis verurteilt: Letzte Nacht, als er träumte, hätte er eigentlich Wache halten sollen.

19 Der Kaufmann

Neun Edelsteine. Er hat drei am Vormittag und drei am Nachmittag verkauft.

20 Im Kartenumdrehen

Hier ist entscheidend, wie die Frage formuliert ist – sie bezieht sich auf die goldenen Karten. Somit kann die zweite Karte von links ignoriert werden. Wenn Sie die erste Karte umdrehen und sie einen Kelch zeigt, können Sie sofort auf die Antwort „nein“ schließen. Zeigt sie einen Stern, müssen Sie eine weitere Karte umdrehen, doch welche? Sie könnten versucht sein, die vierte Karte umzudrehen, doch das bringt Sie nicht weiter. Die dritte Karte ist die, die Sie umdrehen müssen. Ist sie golden, ist die Antwort „nein“. Ist sie grün, ist die Farbe der vierten Karte nicht von Bedeutung: Sie haben ja festgestellt, dass keine goldfarbene Karte einen Kelch zeigt und die Antwort daher „ja“ lautet.

Seite

21

Fenster der Seele

21 Augen. Bei dem Engel handelt es sich vermutlich um Gabriel, der, wie alle in der Bibel genannten Engel, männlich ist.

Seite

22–23 # Aufmerksamkeit

24 # Zu schlau

Um das Rätsel zu lösen, müssen Sie alle komplizierten Berechnungen aus Ihrem Gehirn verbannen und nur das wiedergeben, was Sie sehen.

Beginnend mit der zweiten Zeile beschreibt jede Zeile die vor ihr. Die erste Zeile besteht aus einer einzigen Ziffer: 1. Sie können sie beschreiben mit „eins von eins" oder 1 … 1.

Die dritte Zeile enthält dann „zwei von eins" oder 2 … 1.

Die vierte Zeile enthält „eins von zwei und eins von eins" oder 1 … 2 … 1 … 1. Undsoweiter.

Die nächste Zeile sollte die vorige also so beschreiben: „drei von eins, eins von drei, eins von zwei, eins von eins, eins von drei, eins von zwei und zwei von eins":

3 1 1 3 1 2 1 1 1 3 1 2 2 1

Seite

25 # Leonardo-ku

Seite

26–27

Fehlende Teile

I	II	III	IV	V
♆	⚷	♆	☽	⊕

Seite

28 ## Mustererkennung

Alle Zeilen und Spalten enthalten je:

- ein orangefarbenes, ein gelbes und ein grünes Quadrat.
- zwei Pferde, die nach rechts laufen, und eines, das nach links läuft.
- zwei große Pferde und ein kleines Pferd.

Das fehlende Quadrat muss also orange sein und ein großes, nach rechts laufendes Pferd enthalten.

29 ## Zahlenkunst

Hoffentlich haben Sie Leonardos Andeutung verstanden: Dies ist kein mathematisches Rätsel. Gruppe I beinhaltet die Ziffern, die aus geschwungenen Linien bestehen, Gruppe II die Ziffern, die sich aus geraden Linien zusammensetzen und Gruppe III die Ziffern, die sowohl gerade als auch geschwungene Linien besitzen. Fünfzehn und sechzehn gehören also in Gruppe III und siebzehn in Gruppe II.

Gruppe I	Gruppe II	Gruppe III
0 3 6	1 4 7	2 5 10
8 9	11 14	12 13

Seite

30 Aufs Korn genommen

Der Steuereintreiber müsste 33⅓ Säcke einsammeln. Da 3 Prozent des Getreides gut sind, würden 100 Säcke mit teilweise verdorbenem Korn 3 Säcke an essbarem Getreide ergeben. Durch Teilen von 100 durch 3 kommt man auf 33⅓.

31 Leonardo-ku

Seite

32 ## Eine Unmenge?

Drei Gäste.

33 ## Momentaufnahme

Das auf die linke Seite wirkende Drehmoment gegen den Uhrzeigersinn berechnet sich aus Kraft (4) mal Entfernung vom Drehpunkt (6), also 24. Der Faden auf der rechten Seite ist 3 Einheiten vom Angelpunkt entfernt, das an ihm befestigte Objekt muss also eine Kraft von 8 besitzen, damit sich der Hebel im Gleichgewicht befindet.

34 ## Die Gilden

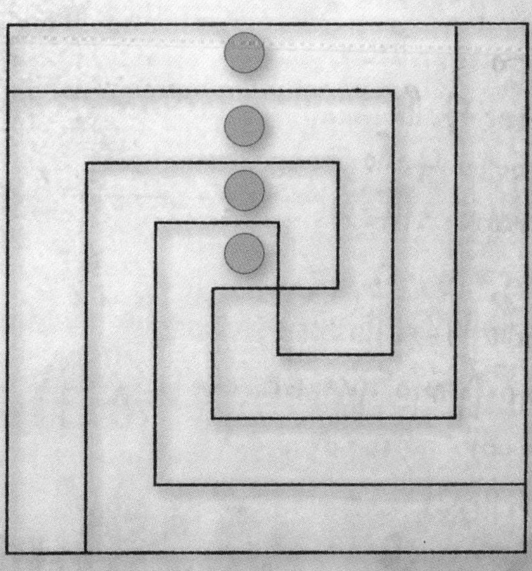

Seite

35 # Die Summe der Künste

? = 11

1

7

3

4

36 # Eine Münze

Nehmen Sie die Münze vom unteren Ende der vertikalen Reihe und legen Sie sie so, wie hier gezeigt, auf den Schnittpunkt des Kreuzes.

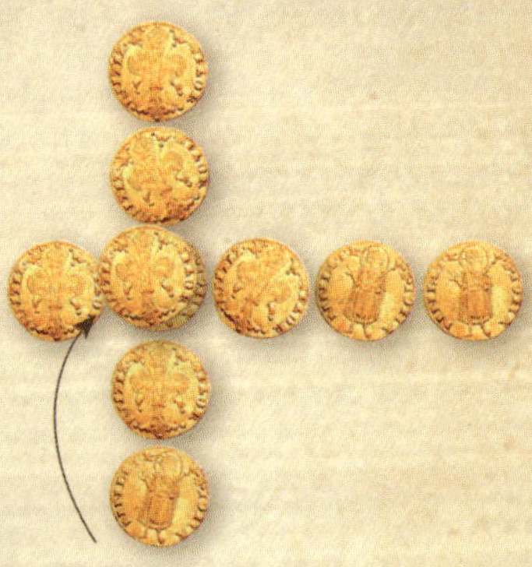

37 # Seil

Salai sollte ein Ende des Seils am Stamm der Weide festmachen und dann mit dem anderen Seilende in der Hand einmal um den See laufen, bis er zum Ausgangspunkt zurückkehrt. So wäre das Seil doppelt zwischen der Eiche und der Weide gespannt; er könnte sich bequem an ihm entlang über das Wasser hangeln.

Seite

38–39 # Fehlende Teile

I	II	III	IV	V
⚷	♆	⯓	☽	⊕

Seite

40 # Leonardo-ku

Seite

41 Die Zeit verrinnt

Lassen Sie beide Sanduhren gleichzeitig laufen. Drehen Sie die 4-Minuten-Sanduhr um, sobald sie durchgelaufen ist. Wenn die 7-Minuten-Sanduhr durchgelaufen ist, drehen Sie sie ebenfalls um. Wenn die 4-Minuten-Sanduhr dann zum zweiten Mal ausläuft, wissen Sie, dass 8 Minuten verstrichen sind und dass in der 7-Minuten-Sanduhr das Äquivalent zu 1 Minute auf den Boden des Glases gefallen ist.

Jetzt müssen Sie nur noch die 7-Minuten-Sanduhr umdrehen, sodass diese 1 Minute zurückläuft – und Sie haben 9 Minuten gemessen.

42 Mustererkennung

Alle Zeilen und Spalten enthalten je:

- Einen Mann mit vier Armen, einen mit zwei erhobenen Armen und einen mit zwei horizontal ausgestreckten Armen.
- Zwei Männer, die aufrecht stehen, und einen, der auf dem Kopf steht.
- Ein gelbes Quadrat und zwei grüne Quadrate.

Das fehlende Quadrat muss also grün sein und einen aufrecht stehenden Mann mit zwei erhobenen Armen enthalten.

Seite

43 **Momentaufnahme**

23.

44–45 **Aufmerksamkeit**

46 **Die Summe der Künste**

? = 12

2

4

6

8

Seite

47

Zwei Münzen

Entfernen Sie die beiden markierten Münzen aus der linken Spalte und legen Sie sie rechts neben die jeweilige Zeile. Verschieben Sie dann die jeweilige Zeile mit der Münze nach links, damit das Ganze wieder zu einem Quadrat wird.

Seite 48–49

Fehlende Teile

I	II	III	IV	V

Seite

50 # Drei Löhne

Der Herzog zahlte dem Architekten 9 Florentiner Gulden, dem Maler und dem Bildhauer je 3 Florentiner Gulden.

51 # Die verborgenen Seiten

Schachtel III.

III

Seite

54 ## Verluste

Der erste General war mit doppelt so vielen Mannen in den Krieg gezogen wie der zweite.

55 ## Reiter

Dreißig Augen bedeuten, dass es sich insgesamt um fünfzehn Lebewesen handelte. Vierundvierzig Beine können sich aber nur auf eine Art und Weise auf fünfzehn Pferde und Reiter verteilen: 7 x 4 Beine (Pferde) und 8 x 2 Beine (Männer). Sieben Männer ritten also, der achte – der Gefangene – lief zu Fuß.

Seite

56 # Zahlenmagie

Es gibt zwei mögliche Lösungen.

IV	IX	II
III	V	VII
VIII	I	VI

IV	III	VIII
IX	V	I
II	VII	VI

57 # Gemeine Brüche

Rom hat 7 Anhänger, die Medici 5.

Seite

58–59

Fehlende Teile

I	II	III	IV	V
⊕	♆	☽	⚷	⛢

Seite

60 # Ein Zeichen

Wenn die beiden das Schild so wieder aufstellen, dass der Pfeil nach Florenz in Richtung ihres Ausgangspunktes weist, wird der Pfeil nach Volterra automatisch korrekt ausgerichtet sein.

61 # Leonardo-ku

Seite

62 ## Lohnende Rechnung

666 Münzen.

63 ## Fortschreitende Verluste

100 Soldaten.

64 ## Wann genau?

Salai wird am Zehnten des Monats in die Geheimnisse eingeweiht.

Seite

65 Gemeine Brüche

Am besten gehen Sie an dieses Rätsel in typischer Leonardo-Manier heran: von hinten nach vorne. Neun Zehntel von 100 sind 90, acht Neuntel von 90 sind 80, sieben Achtel von 80 sind 70, sechs Siebel von 70 sind 60, fünf Sechstel von 60 sind 50, vier Fünftel von 50 sind 40, drei Viertel von 40 sind 30, zwei Drittel von 30 sind 20 und die Hälfte von 20 ist 10 – Ihre Antwort.

66 Anziehungskraft

Salai muss einen der beiden Stäbe an die Mitte des zweiten Stabes halten, so dass ein T entsteht. Ist der erste Stab magnetisch, zieht er den zweiten Stab an.

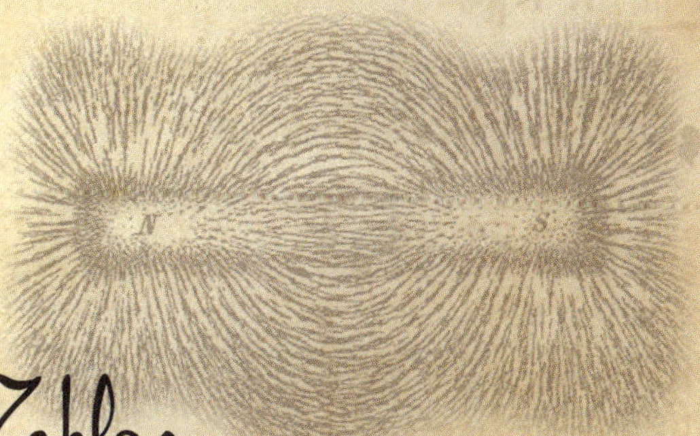

67 Römische Zahlen

Es gibt zwei mögliche Lösungen. Für beide müssen Sie den Längsstrich aus dem Plus-Symbol entfernen.

VI - II = IV

oder

VII - II = V

Seite 68–69

Fehlende Teile

I	II	III	IV	V
⊕	♅	☽	♆	⚷

Seite

70 In vino veritas

Um die Frage zu beantworten, muss Salai einfach das Fass bis zu dem Punkt kippen, an dem der Wein gerade noch nicht herausfließt. Ist der Boden des Fasses gerade mit etwas Flüssigkeit bedeckt, ist das Fass genau halb voll. Ist der Boden vollständig bedeckt, ist das Fass mehr als halb voll. Ist ein Teil des Bodens sichtbar, ist es mehr als halb leer.

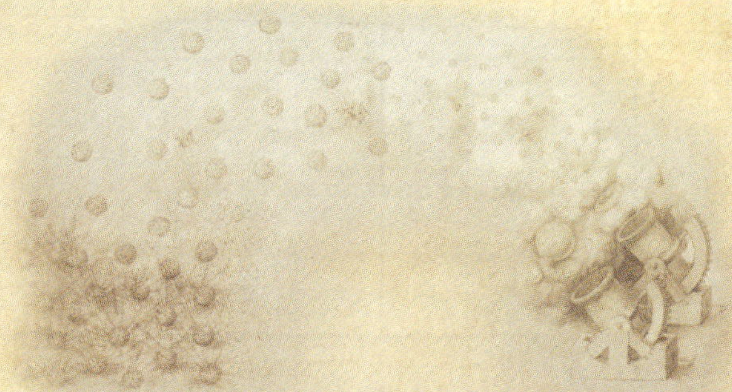

71 Kanonen

Die Feuerrate scheint identisch zu sein, doch die Ladeintervalle sind unterschiedlich. Bei der ersten Kanone liegen zwischen dem ersten und dem letzten Schuss vier Intervalle, ein Intervall beträgt also $1\frac{1}{4}$ Minuten. Die zweite Kanone hat neun Intervalle von je $1\frac{1}{9}$ Minuten. Das bedeutet, dass die zweite Kanone zwölf Schüsse in $12\frac{2}{9}$ Minuten abgeben kann, und dafür nicht $13\frac{3}{4}$ Minuten benötigt wie die erste Kanone.

72 Räder in Bewegung

Hinge die Vorrichtung frei im Raum, brächte eine Umdrehung die Platte 1 Braccio nach vorne. Auf einem festen Untergrund jedoch bringt eine Umdrehung zusätzlich die gesamte Vorrichtung 1 Braccio nach vorne. Die Platte wird sich also insgesamt um 2 Braccio vorwärtsbewegen.

Seite

73 Leonardo-ku

74 Genauigkeit

Die erste Kanone traf 28- von 84-mal, die zweite 25- von 75-mal. Sie besitzen also beide eine Trefferquote von 1:3.

Seite

75 Rekrutierung

Zwei der Männer waren in allen Künsten bewandert, während der dritte keine von ihnen beherrschte.

76 Deserteure

500 Soldaten.

77 Die überschrittene Frist

Offensichtlich beliebte Cesare zu scherzen. Hätten die Hunde fünf Monate nichts gefressen, wären sie tot.

Seite

78–79

Fehlende Teile

I	II	III	IV	V

Seite

80 **Freigebigkeit**

Ein Geheimnis.

81 **Päpstliche Bulle**

Bei Rodrigo Borgia und Papst Alexander VI. handelte es sich um ein und dieselbe Person.

82 **Ein Pferderennen**

Er kam als Letzter ins Ziel. Indem er den Reiter an zweiter Stelle überholte, gelangte er selbst an die zweite Stelle. Die beiden, die ihn dann noch überholten, verwiesen ihn auf den vierten Platz.

Seite

83

Leonardo-ku

Seite

84 Die Ersten werden die Letzten sein

Sie hatten jeweils das Pferd des anderen bestiegen, um dafür zu sorgen, dass das *Pferd* des Siegers zuletzt ins Ziel kommen würde.

85 Tropfen für Tropfen

Nur einer. Denn danach ist der Kelch nicht mehr leer.

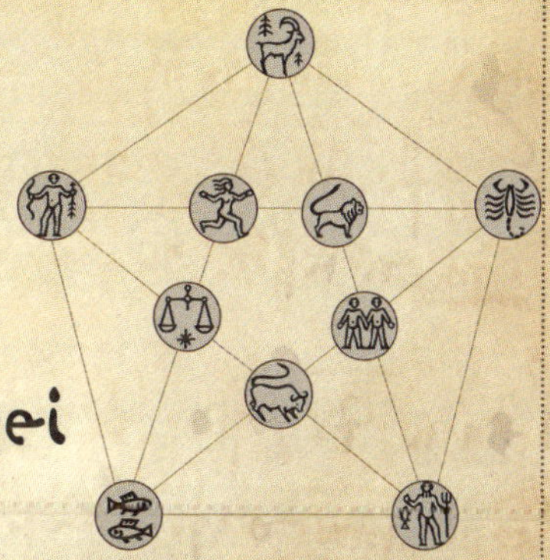

86 Die Macht der Drei

Das Symbol enthält 35 Dreiecke.

A B C D E F G H I J

ABC	ACD	AFJ	BCJ	BIJ	CIJ
ABD	ACE	AGI	BDF	CDI	FHI
ABE	ACG	AIJ	BDI	CEG	FIJ
ABF	ACI	AIJ	BEJ	CEJ	GHJ
ABI	ACJ	BCH	BFI	CGJ	GIJ
ABJ	ADE	BCI	BHI	CHJ	HIJ

Seite

87 Die Summe der Künste

? = 16

2

3

4

5

88–89 Fehlende Teile

I II III IV V

Seite

90
Erkenntnis

Er muss sie gegen den Uhrzeigersinn drehen.

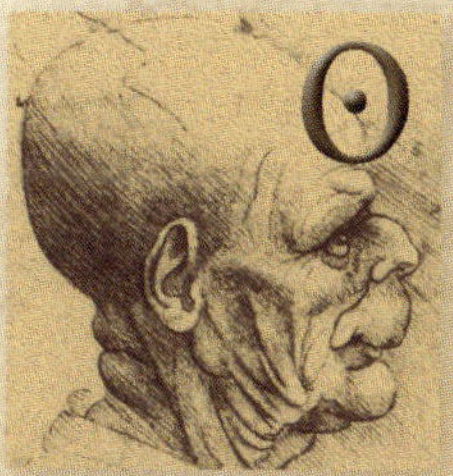

91
Mustererkennung

Alle Zeilen und Spalten enthalten je:

- Einen glatzköpfigen Mann, einen Mann mit lockigem Haar und einen Mann mit Hut.
- Ein gelbes, ein rotes und ein grünes Quadrat.
- Zwei Gesichter, die nach rechts blicken, und ein Gesicht, das nach links blickt.
- Ein Quadrat mit einem Mond, eines mit einer Sonne und eines ohne Symbol.

Rätsel für Gesellen

Seite

94–95 ## Hexerei

Er hatte die Glocke mit Schnee zugestopft, sodass sie nicht läuten konnte, und dann die Leiter zerstört, um Zeit zu gewinnen. Als die Dorfbewohner bei der Glocke ankamen, hatte die Morgensonne den Schnee längst zum Schmelzen gebracht.

96 ## Misstrauen

Überfahrt	Auf der Insel	Im Boot	Am Ufer
1. Insel zum Ufer	1 Borgia/3 Medici	2 Borgia →	
2. Ufer zur Insel	1 Borgia/3 Medici	1 Borgia ←	1 Borgia
3. Insel zum Ufer	3 Medici	2 Borgia →	1 Borgia
4. Ufer zur Insel	3 Medici	1 Borgia ←	2 Borgia
5. Insel zum Ufer	1 Borgia/1 Medici	2 Medici →	2 Borgia
6. Ufer zur Insel	1 Borgia/1 Medici	1 Borgia/1 Medici ←	1 Borgia/1 Medici
7. Insel zum Ufer	2 Borgia	2 Medici →	1 Borgia/1 Medici
8. Ufer zur Insel	2 Borgia	1 Borgia ←	3 Medici
9. Insel zum Ufer	1 Borgia	2 Borgia →	3 Medici
10. Ufer zur Insel	1 Borgia	1 Borgia ←	3 Medici/1 Borgia
11. Insel zum Ufer		2 Borgia →	3 Medici/1 Borgia

97 ## Und die Wahrheit wird Euch frei machen?

Leonardo sollte einen beliebigen der beiden Wächter fragen: „Welche Tür wird mir der andere Wächter als Weg nach draußen nennen?“ Dann sollte er darum bitten, aus der anderen Tür treten zu dürfen.

Seite

98 Leonardo-ku

99 Hüte

Alberto war es, der als Lehrling beginnen durfte. Caspar konnte Alberto und Benito sehen. Hätten deren Hüte dieselbe Farbe besessen, hätte er gewusst, dass sein Hut die andere Farbe haben musste, und hätte sofort geantwortet. Aus dem Schweigen Caspars konnte Alberto also folgern, dass Caspar einen schwarzen und einen weißen Hut sah. Somit konnte er mit Sicherheit sagen, dass sein Hut die dem Hut Benitos entgegengesetzte Farbe hatte.

Seite 100

Noch mehr Hüte

Sieben Kombinationen sind möglich. Bei den ersten beiden tragen zwei Jungen weiße Hüte, somit weiß der dritte sofort, dass sein Hut schwarz ist. Im vierten Szenario verrät Estefan dadurch, dass er angibt, die Lösung nicht zu kennen, dass er entweder einen schwarzen und einen weißen Hut sieht oder zwei schwarze Hüte; Fernando weiß also in dem Moment, als er sieht, dass Estefans Hut schwarz und Gabriels Hut weiß ist, dass sein eigener Hut schwarz sein muss. In allen weiteren Szenarien weiß Gabriel, wenn Estefan und Gabriel zugeben, die Antwort nicht zu kennen, dass sein Hut schwarz ist.

Estefan	Fernando	Gabriel	Ausgang
schwarz	weiß	weiß	Estefan: „Schwarz.“
weiß	schwarz	weiß	Fernando: „Schwarz.“
weiß	weiß	schwarz	Estefan und Fernando: „Keine Ahnung.“
schwarz	schwarz	weiß	Estefan: „Keine Ahnung.“ Fernando: „Schwarz.“
schwarz	weiß	schwarz	Estefan und Fernando: „Keine Ahnung.“
weiß	schwarz	schwarz	Estefan und Fernando: „Keine Ahnung.“
schwarz	schwarz	schwarz	Estefan und Fernando: „Keine Ahnung.“

Seite

101 Blei zu Gold

Leonardo teilte die neun Münzen in drei Stapel: A, B und C. A und B legte er in je eine Waagschale, C ließ er beiseite. War Stapel A oder B schwerer, wurde er zum „verdächtigen Stapel“ – dieser musste die gefälschte Münze enthalten. War die Waage im Gleichgewicht, war Stapel C der „verdächtige Stapel“. Als Leonardo so festgestellt hatte, welcher Stapel „verdächtig“ war, legte er die anderen beiden weg. Dann nahm er zwei Münzen aus dem verdächtigen Stapel und legte in jede Waagschale eine; die dritte behielt er in der Hand. Senkte sich eine der Schalen nach unten, enthielt sie die falsche Münze. Waren die Schalen im Gleichgewicht, musste sich die Falschmünze in Leonardos Hand befinden.

102–103 Fehlende Teile

I	II	III	IV	V

Seite

104 ## Aus dem Nichts

Folgendermaßen:

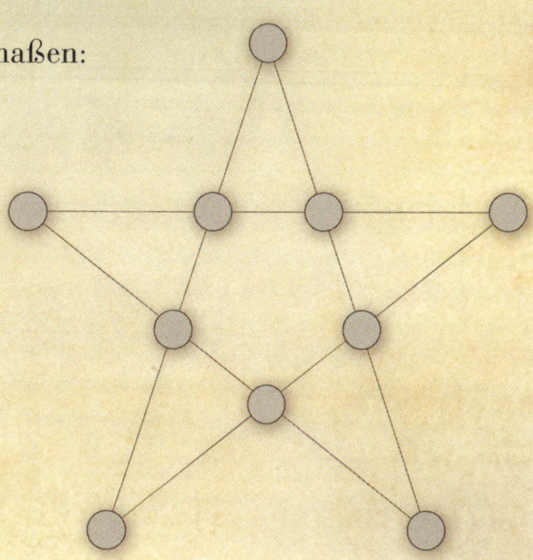

105 ## Der rettende Strohhalm?

Cesare sollte 2 Halme nehmen, damit 9 Halme bleiben.

Nimmt Giovanni daraufhin 3, nimmt Cesare 1. Nimmt Giovanni 2, nimmt Cesare 2. Nimmt Giovanni 1, nimmt Cesare 3. In jedem Fall bleiben 5 Halme übrig.

Giovanni kann dann nicht mehr gewinnen. Nimmt er 3, nimmt Cesare 1. Nimmt er 2, nimmt Cesare 2 und nimmt er 1, nimmt Cesare 3. In allen Fällen bleibt 1 Halm übrig, welchen Giovanni bei seinem nächsten Zug nehmen muss.

Seite

106 Dame

Vier Züge und zwei Finger. Bewegen Sie immer zwei Steine gleichzeitig, und zwar folgendermaßen:

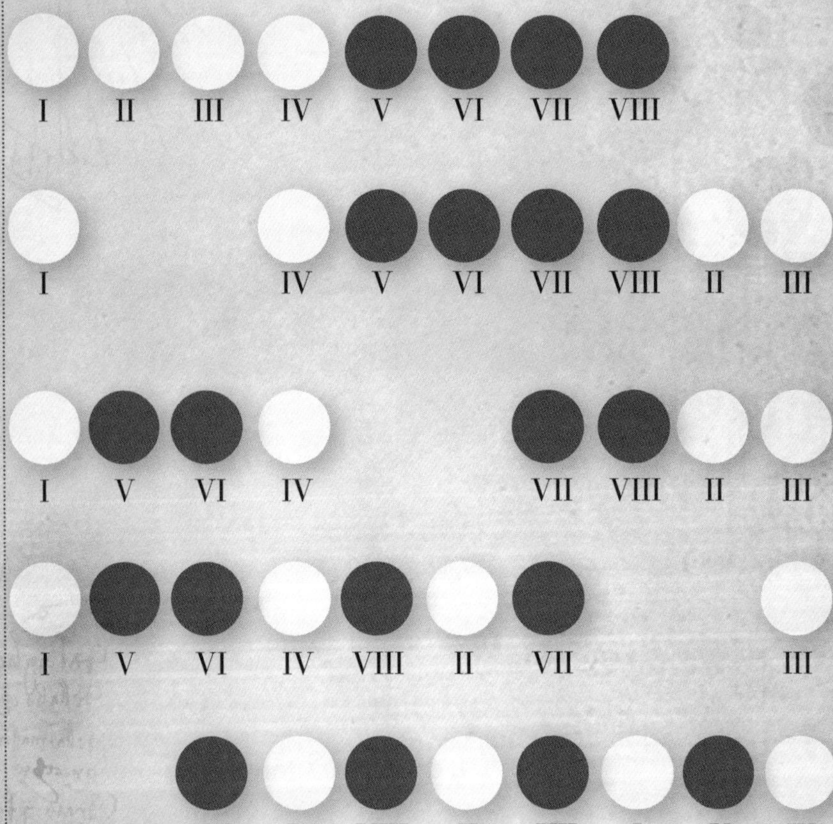

Seite

107 ## Leonardo-ku

Seite

108

Karaffen

Leonardo nahm Karaffe II und goss ihren Inhalt in Karaffe V.

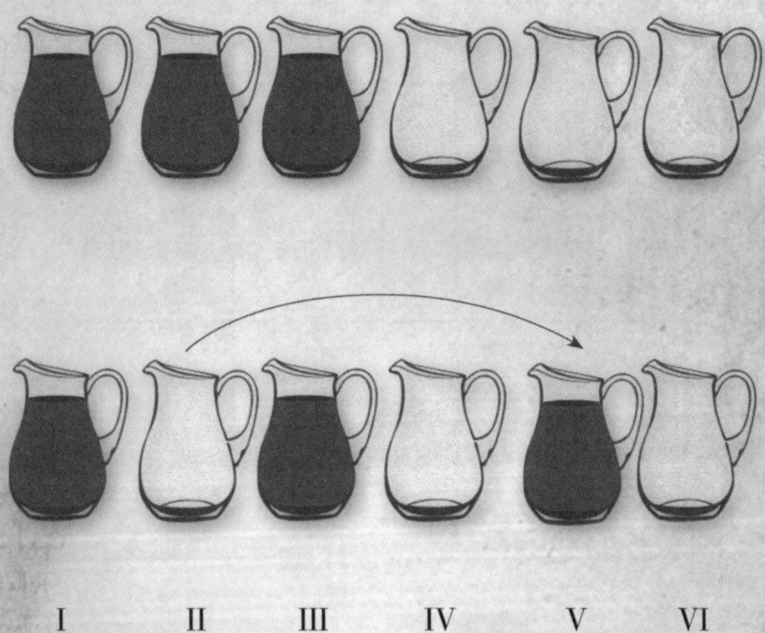

Seite

109 Der Herold

Die beiden Heere müssen je 60 Furlongs zurücklegen, bis sie aufeinandertreffen. Bei 10 Furlongs die Stunde benötigen sie hierfür 6 Stunden. Wenn man die Geschwindigkeit des Herolds mit 6 multipliziert, kommt man auf eine Gesamtlänge von 480 zurückgelegten Furlongs.

110 Zahlenschlachten

Anzahl der Soldaten vor einer Schlacht (x).

Anzahl der Soldaten nach einer Schlacht (y).

Die erlittenen Verluste können so ausgedrückt werden:

$$x - y = x/2 + 10 \text{ oder } x = 2(y + 10)$$

Wir arbeiten uns rückwärts von der letzten Schlacht (in der er alle verbleibenden Soldaten verloren hat) nach vorn. Für die letzte Schlacht gilt y = 0; 2(y + 10) ergibt die Anzahl von 20 Männern zu Beginn der Schlacht. Damit wissen wir, dass y in der vierten Schlacht 20 beträgt.

Schlacht 4 2(20 +10) = 60 Männer

Schlacht 3 2(60 +10) = 140 Männer

Schlacht 2 2(140 +10) = 300 Männer

Schlacht 1 2(300 +10) = 620 Männer (die Heeresgröße zu Beginn des Feldzugs).

Seite

111 # Ländereien

Der Papst wird das Stück Land folgendermaßen aufteilen:

Seite

112–113

Die Schatztruhe

Die beiden Porträts zeigen Leonardo selbst und Lisa del Giocondo. Keiner der Hebel ist mit dem Buchstaben E versehen, damit ist „Leonardo“ ausgeschlossen. Bleibt also „Lisa“ – aber vergessen Sie nicht, dass Leonardo gerne rückwärts schrieb.

Wenn man die Hebel A, S, I und L zieht, zeigen alle 16 Kacheln die „Mona Lisa“.

Seite

114 Ketzerei

„Nicht das, was durch den Mund in den Menschen hineinkommt, macht ihn unrein, sondern was aus dem Mund des Menschen herauskommt, das macht ihn unrein."

Mit diesen Worten nahm er eine Traube aus dem Beutel und steckte sie sich so schnell in den Mund, dass man ihre Farbe nicht sehen konnte.

Er schluckte und sagte: „Bitte entschuldigt, aber all diese Bibelstellen haben mich irgendwie hungrig gemacht. Doch keine Sorge, Ihr könnt die Farbe der Traube, die ich gerade verspeist habe, aus der Traube, die noch im Beutel liegt, ersehen."

115 Spione

Der erste Spion kann nicht die Wahrheit sagen, denn dann wäre die Aussage des dritten Spions ebenfalls wahr.

Auch der dritte Spion kann nicht die Wahrheit sagen, denn seine Aussage würde durch die beiden anderen Spione nur untermauert.

Die Aussage des zweiten Spions hingegen kann wahr sein, aber nur, wenn der dritte Spion lügt. Was bedeutet, dass es überhaupt keine Anhänger des französischen Königs in der Region gibt!

Seite

116–
117

Fehlende Teile

I	II	III	IV	V	VI
⊕	☽				♆

Seite

118 Selbsterfüllende Prophezeiung

Die Zahl 1 kommt 3-mal vor.
Die Zahl 2 kommt 2-mal vor.
Die Zahl 3 kommt 3-mal vor.
Die Zahl 4 kommt 1-mal vor.
Die Zahl 5 kommt 1-mal vor.

119 Tausend Tage der Sünde

Wir müssen den Mönch selbst in die Zahl der Ketzer einschließen. Damit lautet die Frage: Was ist die Summe aller Zahlen von 1 bis 1000?

Das ist einfacher zu lösen als zunächst gedacht. Addieren Sie die erste und die letzte Zahl:

1000 + 1 = 1001

Wenn man die nächsten beiden Zahlen addiert, erhält man:

999 + 2 = 1001

Das gilt für alle 500 Paare.

Sie müssen also einfach 500 mit 999 multiplizieren und erhalten die Antwort. Aber vergessen Sie den Mönch nicht!

499.501 Ketzer.

Seite

120 Leonardo-ku

Seite

121 Der Geldkreislauf

Die Münze muss zwei Umdrehungen zurücklegen.

122 Die Wachstube

Leonardo fing an, über die Brücke zu laufen, sobald der Wächter im Turm verschwand.

Sobald er die Mitte der Brücke erreichte, machte er auf dem Absatz kehrt und schien so gerade in dem Moment, als der Wächter wieder aus seinem Turm kam, zurück nach Sinistra zu laufen.

„Heda, was denkst du, wo du hingehst? Komm zurück!“, rief der Wächter und schwang bedrohlich seine Armbrust. „Geh sofort zurück nach Destra!“ Leonardo gehorchte und versuchte, ein Lächeln zu unterdrücken.

Seite

123

Goldene Gelegenheit

Es ist verlockend, mit „1 zu 3“ zu antworten. Und das wäre auch absolut richtig, würde die zweite Münze erst gezogen, nachdem die erste sich bereits als Goldmünze entpuppt hat. Nachdem jedoch zwei Münzen gleichzeitig gezogen werden, müssen folgende Kombinationen bedacht werden:

Gold (1)	Gold (2)
Gold (1)	Silber
Gold (2)	Silber
Gold (1)	Kupfer
Gold (2)	Kupfer
Kupfer	Silber

Die Kupfer-Silber-Kombination ist natürlich nicht möglich, da eine Goldmünze gezogen wurde, aber es verbleiben fünf weitere Kombinationsmöglichkeiten, sodass die Wahrscheinlichkeit tatsächlich 1 zu 5 ist.

Seite

124 Geldbeutel

Es können nur zwei Münzen aus dem ersten Beutel entnommen werden. Damit verbleiben zwei Möglichkeiten:

1. Im ersten Beutel sind 3 Münzen des Typs A, 3 des Typs B und 1 des Typs C; im zweiten Beutel sind 3 Münzen des Typs A, 3 des Typs B und 5 des Typs C.

2. Im ersten Beutel sind 3 Münzen des Typs A, 2 des Typs B und 2 des Typs C; im zweiten Beutel sind 3 Münzen des Typs A, 4 des Typs B und 4 des Typs C.

Es müssen deshalb 7 Münzen aus dem zweiten in den ersten Beutel gegeben werden, um sicherzustellen, dass mindestens 2 von jeder Sorte im ersten Beutel sind. Nur bei der ersten Möglichkeit befindet sich überhaupt 1 Münze des Typs C zu wenig im ersten Beutel. Die größtmögliche Anzahl an Münzen, die dann in den ersten Beutel zurückgegeben werden muss, entsteht, wenn außer 1 Münze des Typs C alle 3 Münzen des Typs A und alle 3 Münzen des Typs B aus dem zweiten Beutel gegriffen werden.

Es verbleiben also 4 Münzen im zweiten Beutel.

125 Irren ist menschlich

Dies soll eine Fibonacci-Folge sein – jede folgende Zahl ergibt sich dabei aus der Summe der beiden vorangehenden.

Statt der Zahl 22 müsste deshalb die Zahl 21 stehen.

0 → 1 → 1 → 2 →
3 → 5 → 8 → 13 →
21 → 34 → 55 → 89 →
144

Seite 126–127

Fehlende Teile

I	II	III	IV	V	VI

Seite

128 # Gegengewichte

129 # Geheime Konten

4 1 3 2

Seite

130

Hoheitsgebiete

Adelige	Kleriker
Kaufleute	Juristen
Gelehrte	Handwerker

Seite

131 # Zahlenturm

97

51 46

24 27 19

9 15 12 7

2 7 8 4 3

Seite

134 Vielfältig

Nehmen wir an, das Pergament war 0,25 mm dick.

Faltvorgang Nr.	Lagen	Dicke
1	2	0,5 mm
2	4	1 mm
3	8	2 mm
4	16	4 mm
5	32	8 mm
10	1024	25,6 cm
20	1.048.576	262,14 m
30	1.073.741.824	268,44 km

Nicht nur würde das gefaltete Pergament nicht in den Raum passen … Längs gedreht würde es locker von Neapel nach Rom reichen!

135 Ein Paradox

Dieses Paradox wurde schon 2000 Jahre vor da Vincis Zeit von dem griechischen Philosophen Zenon von Elea erdacht. Es scheint, als würde der Läufer (bei dem es sich in Zenos Beispiel um Achilles handelt) die Schildkröte nie einholen, da die Entfernung zwischen seiner momentanen Position und der der Schildröte unendlich oft durch zehn geteilt werden kann. Tatsächlich aber holt Achilles die Schildkröte bei $1.111\frac{1}{9}$ Piedi ein.

Seite

136 # Ein Code für da Vinci

... Weh mir! Elend, Elend kommt über mich. Treulose handeln treulos, ja, die Treulosen brechen die Treue.

Es sieht aus, als handele es sich um eine Warnung vor Verrat, aber wen betrifft sie?

Cora sage Bier ist ein Anagramm von Cesare Borgia, dem skrupellosen Sohn von Papst Alexander VI.

137 # Leonardo-ku

Seite

138 # Die zweite Nachricht

Das ist die Abgabe, die ihr von ihnen erheben sollt: Gold, Silber, Kupfer …

Diese Nachricht klingt weniger bedrohlich. Vielleicht winkt ein gut bezahlter Auftrag?

Das Anagramm ist Ludovico Sforza, der Herzog von Mailand, der eine Zeitlang Leonardos Mäzen war.

Exodus 25:3 Sofa zuvor Dolci

139 # Goldstücke

Die kleinste Anzahl von Goldstücken, die entsprechend aufgeteilt werden könnte, wäre:

1 + 2 + 3 + 4 + 5 + 6 + 7 + 8 + 9.

Das macht zusammen 45, die Antwort lautet also: nein.

Seite

140–
141

Fehlende Teile

I	II	III	IV	V
♅	♆	☽	⚷	⊕

Seite

142 # Der Urheber kommt ans Licht

Ich habe nicht auf die Stimme meiner Erzieher gehört, mein Ohr nicht meinen Lehrern zugeneigt!

Diese humorvolle Ermahnung konnte nur von einer Person kommen, wie auch das Anagramm zeigt, nämlich von del Verrocchio, Leonardos altem Lehrer.

Sprüche 5:13
Ich verlor Code

143 # Vielecke

Obwohl die Radien der Kreise sehr schnell größer werden, erreichen sie ihren höchsten Wert ungefähr beim 8,7-Fachen des Radius' des ersten Kreises. Demnach sollte ein quadratisches Stück Pergament mit etwa 46 cm Seitenlänge ausreichend sein.

Seite

144

Vitruvianische Menschen

Seite

145

Fünfecke

8 6 5 9 4 3 7 2

Die Zahlen auf jedem Fünfeck ergeben addiert die Summe 20, und die beiden sich gegenüberliegenden Seiten zweier benachbarter Fünfecke ergeben zusammen die Summe 10.

Seite 146

Geteilte Ländereien

Kirche *Mühle*

Burg *Stadt*

147 Leonardo-ku

Seite

148 # Noch mehr geteilte Ländereien

Seite 149

Tödliche Logik

	Macht	Geld	Rache	Kardinal	Botschafter	Adeliger	Erpressung	Mord	Verführung
Cesare			X		X			X	
Lucrezia		X		X					X
Giovanni	X					X	X		
Erpressung	X					X			
Mord			X		X				
Verführung		X		X					
Kardinal		X							
Botschafter			X						
Adeliger	X								

Cesare ermordete den Botschafter aus Rache.

Lucrezia hatte Geld im Kopf, als sie den Kardinal verführte.

Giovanni erpresste einen Adeligen, um noch mehr Macht zu bekommen.

Seite

150

Hoheitsgebiete

Adelige

Kleriker

Kaufleute

Juristen

Gelehrte

Handwerker

Seite

151 ## Ein Stück Kuchen

Der erste Gast schneidet ein Stück ab, das seiner Meinung nach ein Viertel des Kuchens darstellt. Findet der zweite Gast das Stück zu groß, verkleinert er es entsprechend. Alternativ reicht er es an den dritten Gast weiter. Dieser hat seinerseits dieselbe Wahl, ebenso der vierte. Derjenige, welcher das Stück als letzter verkleinert, behält es. Bleibt es jedoch unverändert, wird es an den ersten Gast zurückgegeben. Dann ist der zweite Gast damit an der Reihe, ein Drittel des verbleibenden Kuchens abzuteilen ...

152–153 ## Fehlende Teile

I	II	III	IV	V
♅	☽	♆	⚷	⊕

Seite

154 ## Unnatürliche Verhältnisse

Angenommen, zwei Männer heiraten die verwitwete Mutter des jeweils anderen. Jeder der Männer zeugt mit seiner neuen Frau einen Sohn: Alberto und Benedikt. Jeder der Söhne wäre dann der Halbbruder des Vaters des anderen Sohns. Somit wären Alberto und Benedikt füreinander sowohl Neffe als auch Onkel.

155 ## Der Himmel öffnet sich

Es war die Beerdigung des fünften Priesters; die anderen vier trugen seinen Sarg.

Seite 156

Das Auftragsbuch

	500 Gulden	750 Gulden	1000 Gulden	Ein Pferd	Er selbst	Die Madonna	Ölgemälde	Fresko	Skulptur
Sforza	X			X			X		
Borgia		X			X			X	
Medici			X			X			X
Ölgemälde	X			X					
Fresko		X			X				
Skulptur			X			X			
Ein Pferd	X								
Er selbst		X							
Die Madonna			X						

Sforza gab ein Ölgemälde eines Pferdes in Auftrag und bezahlte dafür 500 Florentiner Gulden.

Borgia war ein Fresko mit einem Porträt seiner selbst 750 Florentiner Gulden wert.

Medici bestellte eine Madonnenskulptur.

Seite

157 ## Wegmarke

7 Marken. Die Marken zeigen aufeinanderfolgende Primzahlen.

158 ## Zahlenmagie

10	9	14
15	11	7
8	13	12

Seite

159 # Leonardo-ku

Seite

160 # Die Summe der Künste

? = 25

4

5

6

9

161 # Logikquadrate

Addieren Sie die beiden oberen Zahlen, dann die beiden unteren Zahlen. Multiplizieren Sie die beiden Summen, und Sie erhalten die Zahl in der Mitte.

Die Lösung ist 224.

13		6
	209	
8		3

7		9
	272	
5		12

11		3
	224	
2		14

Seite

162 Kunstschätzung

Er ist 9 wert. Der Wert jedes Künstlers ist die Anzahl der Vokale in seinem Namen im Quadrat.

163 Nach der Schlacht

66. Wenn wir annehmen, dass die Soldaten, die ein Bein verloren oder sich eine tödliche Infektion zugezogen haben, alle auch einen Arm verloren haben, sind sie in der Anzahl der 46 Soldaten, welche einen Arm verloren haben, enthalten. Es genügt dann, 46 von der Gesamtanzahl der verletzten Soldaten (112) zu subtrahieren, wodurch man 66 erhält – die maximale Anzahl der Soldaten, die sich von ihren Verletzungen erholen werden.

Seite

164–
165

Fehlende Teile

I	II	III	IV	V
♆	⊕	⚷	☽	⯉

Seite

166 # Ein revolutionäres Schloss

22,5 Umdrehungen muss das 8-zahnige Rad zurücklegen. Das entspricht 20 Umdrehungen des 9-zahnigen Rades, die wiederum in 18 Umdrehungen des 10-zahnigen und in 10 Umdrehungen des 18-zahnigen Rades umgesetzt werden.

167 # Die Summe der Künste

? = 45

5 4 19 2

Seite

168 # Gegengewichte

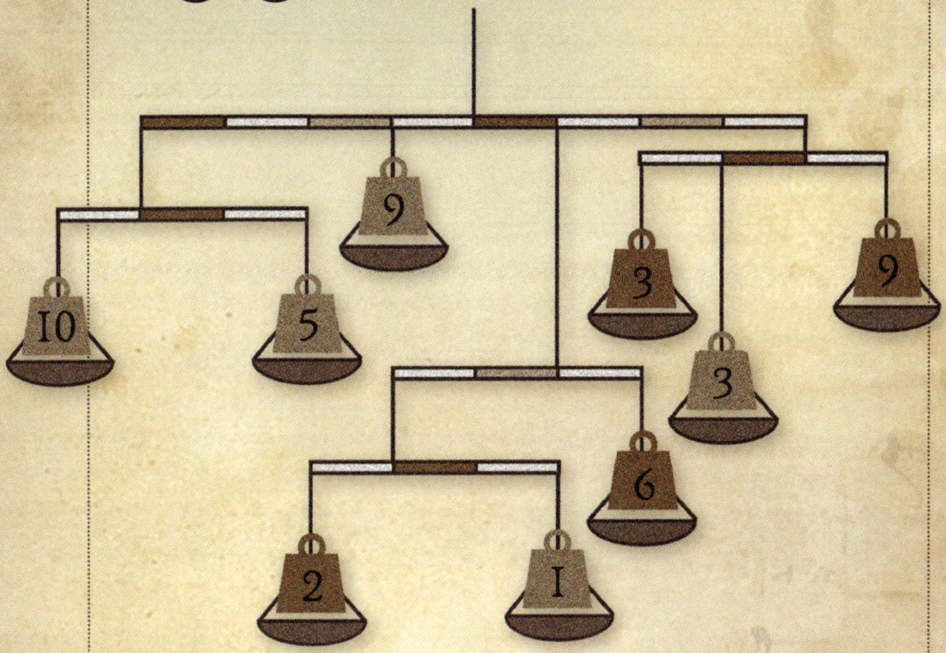

169 # Erkenntnis

Der Korb wird sich heben.

Seite 170

Florentiner verlustieren sich

Damit die Dame gewinnt, muss ihr Gulden innerhalb des unten markierten Bereichs eines 2 x 2 cm großen Quadrats zu Fall kommen.
Diese Fläche ist 1 Quadratzentimeter groß, und somit umfasst die verbleibende Fläche des Quadrats, die Fläche, die eine Niederlage bedeutet, 3 Quadratzentimeter. Damit stehen die Chancen für den Budenbesitzer 3 zu 1. Ein fairer Gewinn wäre 3 Gulden plus der ursprüngliche Einsatz. Der Budenbesitzer würde dann immer noch einen Gewinn machen, da die Lücken zwischen den Quadraten seine Chancen steigern.

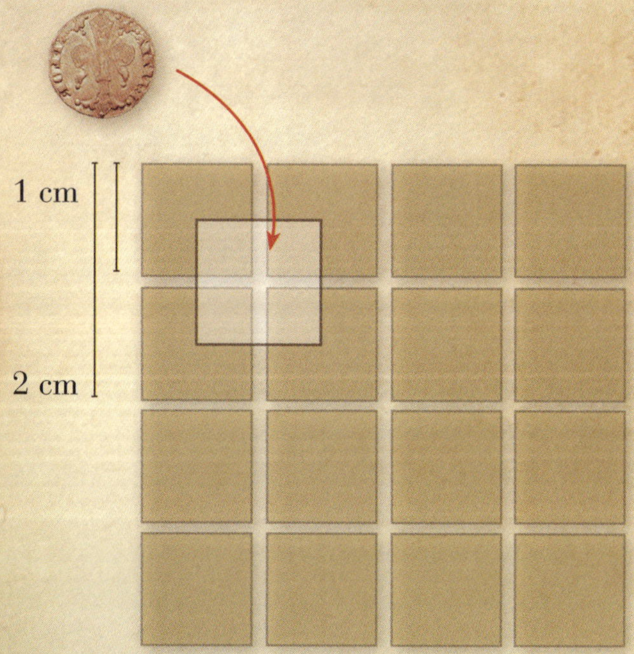

Seite

171

Die Schmiede

Er wollte gusseiserne römische Zahlen für eine Uhr kaufen. Der Preis lag bei einem Gulden pro Stab.

V kostet also 2 Gulden. IX kostet 3 Gulden und XII kostet 4 Gulden.

Danksagungen

Der Verlag dankt den folgenden Bildquellen für die Erlaubnis, ihre Fotos und Illustrationen in diesem Buch abzudrucken:

Carlton Books Ltd
Dover Books
Istockphoto
Thinkstock.com
karenwhimsy.com
Wikimedia Commons